世界でもっとも奇妙な
数学パズル

IMPOSSIBLE?
Surprising Solutions to
Counterintuitive Conundrums

ジュリアン・ハヴィル［著］　松浦俊輔［訳］

青土社

世界でもっとも奇妙な数学パズル
目次

序論 7
　まずは軽く——地球の赤道にぴったり巻いたロープ。1メートル長くして同じところに巻き、地表から等距離のところにあるように支えると、ロープと地表との間隔は何センチか。

第1章　それはみんな知っている　9
　裸の王様と数学的帰納法

第2章　シンプソンの逆説　19
　部分では勝っているのに、全体では負ける（平均と母集団）

第3章　不可能な問題　31
　限られた情報からの全体像の再構成

第4章　ブレースの逆説　43
　道が増えても渋滞が増え、道路を封鎖しても渋滞は生じない……

第5章　複素数の冪乗（パワー）　53
　iのi乗は実数……冪乗の意味

第6章　いちかばちか　65
　モンティ・ホール問題と関連問題

第7章　カントールの楽園　87
　数えられる無限と数えられない無限

第8章　ガモフ＝スターンのエレベーター　103
　上がりたいのに来るのは下りばかり

第9章　コイントス　111
　その信号の列はランダムか

第 10 章　ワイルド・カードつきポーカー　127
　役の順位の評価は変わるか

第 11 章　二つの級数　139
　調和級数（自然数の逆数の和）、オイラー級数（自然数の平方の逆数の和）

第 12 章　トランプ手品　161
　どうやっても必ずそうなる仕組み

第 13 章　針の回転　179
　線分が回転して覆う最小の面積は？

第 14 章　最善の選択　199
　けっこう「当たる」自然選択

第 15 章　累乗の力（パワー・オヴ・パワーズ）　211
　2 の冪乗の最初の方の数は？

第 16 章　ベンフォードの法則　227
　先頭の数字の分布

第 17 章　グッドスタイン数列　241
　いかに急速に増えるように見えても、いずれは 0 になる数列

第 18 章　バナッハ＝タルスキーの逆説　253
　分割して組み替えると 2 倍になる？（選択公理の奇怪さ）

モチーフ　261
付録　265

謝辞 279
訳者あとがき 281
索引 283

世界でもっとも奇妙な数学パズル

比類なきマーティン・ガードナーをたたえて

マーティン・ガードナーは何十人もの無邪気な若者を数学教授にし、何千人もの数学教授を無邪気な若者にした。

——パーシー・ディアコニス

医学は人を病気にし、数学は悲しませ、神学は罪びとにする。

——マルティン・ルター

私は数学者だ。といっても、親しい友人が大きな黒板にゆっくり書いてくれれば三重積分もたどれるという意味でのことだ。

——J・W・マクレイノルズ

人は私が言ったとその人が思っていることを理解したと信じているのはわかっているが、その人が聞いたと思っていることが私の言いたかったことではないことに気づいているかどうか、確信はもてない。

——ロバート・マクロスキー

真理はすべて三段階を経る。まずばかにされ、次に激しく反対され、その次に当然のこととして認められる。

——アルツール・ショーペンハウアー

人は未知の人から始まり、それから本を書き、よくわからない人へと昇進する。

——マーティン・マイヤース

序論

逆説、
実に巧みな逆説!
人混みで耳にするしゃれや屁理屈はあるが、
この逆説にかなうものはない。

——喜歌劇『ペンザンスの海賊』

まず古典的なパズルから始めよう。

地球は完全な球として、その赤道にぴったりの長さのロープを巻きつける。そこで今度は、このロープに1メートル足して、また赤道に巻きつける。一定の間隔で支え、指輪のようにする。地球と長くしたロープとの間にできる隙間はどれくらいの大きさになるか。

地球は巨大で、わずか1メートル伸びただけだ——きっと事実上、相変わらずきちきちなのではないか。しかしちょっと計算してみよう。よく知られた公式を使い、元のロープの長さ＝地球の円周 $C = 2\pi r$ とし、伸ばしたロープの長さについては、$C + 1 = 2\pi R$ と表すと、求める隙間の大きさは、

$$R - r = \frac{C + 1}{2\pi} - \frac{C}{2\pi} = \frac{1}{2\pi}$$

となる。双方にある地球の周 C は打ち消し合って、隙間の大きさとしては、$1/2\pi = 0.159\ldots$ m ≈ 16 cm が残る。地球でなくてもかまわない。他の惑星でも、オレンジでも、ピンポン球でも、結果は同じになるだろう。論証には異論の余地がないのに、なかなか認めにくい事実だ。

前著 (*Nonplussed!*) では、いろいろと直感に反する状況を集めたが、本書では、そんなことをするのを許していただければ、理性を混乱さ

せる、さらに 18 の数学的現象について述べる。前著と同様、選択の基準は、最新のものでも遠い昔のものでも、著者を驚かせたかどうかだ。反応は様々だということは認めなければならないが、読者にも驚きを味わっていただければと願っている。

　あらためて言うと、確率や統計は、直感に反することの豊庫であり、本書のおよそ半分はこれで占められる。しかしそれ以外にも、いろいろなものをとり混ぜており、意図してそうなるようにした。興味深い歴史がある素材もあり、そのことにもできるかぎり触れるようにした。本書で取り上げたよりもずっと広い範囲にわたる影響があるものもあり、それについても、その旨を記すようにした。全体として見れば、頭を混乱させるものを並べ、それについて説明を試みたということだ。

　数学としての水準は相当にばらつきがあり、前から後ろへ、だんだん水準が上がるようにしたが、このような内容のものでは、とくにそれは難しかった。ときどき、ともかく結果を明らかにするため、数学的な厳密さはさておいて、わかりやすく論証し、完全ではなくても納得できそうな説明ですまさざるをえなかったところもある。バナッハ＝タルスキーの逆説も、その点が目立つ例だ。これはきわめて奥が深く、研究論文も本もいろいろと書かれている。抽象的な数学の核心にあるもので、入れても表面的にすませてしまうだけになるが、そのことによる罪よりも、これを省いてしまった方が罪は重いのではないかと考えた。実に信じがたい話なのだ。ここで紹介するどの説についてもそうだが、読者が望むならさらに深く分け入って行くことはできるし、本書でも、可能な場合にはしかるべき参考資料を入れておいた。

　本書を読み進むにつれて、昔のお気に入りを思い出したり、お気に入りに入るのを待っている新しいことについて知ったりすることになるのを願う——そして、16 章で触れるサイモン・ニューカムが、自分が使っている対数表について述べたあの意見は、ここでは成り立たないことを願う。

第 1 章

それはみんな知っている

数学は難しい考えを表すために易しい言葉を使う学問である。
——エドワード・カスナー＋ジェームズ・ニューマン

　この最初の章の主題に対する読者の反応を想像すれば、フリートウッド・マック、2003 年の歌「Everybody Finds Out」〔みんなが知ってくれる〕の歌詞（スティーヴィ・ニックス作詞）の一節になるかもしれない。

I know you don't agree…〔あなたがうんと言わないのはわかってる〕
Well, I know you don't agree〔そうね、あなたがうんと言わないのはわかっている〕

この歌のタイトルは、ＮＢＣのテレビコメディ『フレンズ』の「とうとう熱愛発覚!!」、(「The One Where Everybody Finds Out」) という回にも出てくる。初回放映は 1999 年 2 月で、こんな会話の場面がある。

　レイチェル　　「フィービーがモニカとチャンドラーのことわかっちゃったのよ」

ジョーイ	「二人が友だちで、それだけってことかい」 ［レイチェルを見つめる］
レイチェル	「ちがうわよ。知ってるのよ。私とフィービーと、裸のブ男の部屋にいたんだけど、向かいの窓越しにあの二人がするところを見たのよ。［ジョーイ息を飲む］本当に、私たち窓からあの二人がするとこ見ちゃったのよ」
フィービー	「そうね。だからあの二人はあなたが知ってるってことは知ってて、レイチェルが知ってるってことは知らないのよね」
ジョーイ	「……そう。でも君は何を知ってるって？ 誰が何を知っているかはどうでもいいけど。要するに僕らはもう、あの二人に僕らは知ってるってことを教えることはできるってことはわかったよ。それで嘘も秘密ももう終わりだって」
フィービー	「ていうか、私たちは知ってるってこと二人には言わないで。ちょっとからかえるかもね」
レイチェル	「どういうこと？」

これから、ポップミュージックの歌詞と、人気ドラマと、数学やその応用のかなりの範囲にテーマを与える重要な考えとがどうまとまるかを考えていこう。

共通知識と共同知識

　今挙げたおしゃべりは、数学的な論理の深みを探る意図で行なわれているわけではなさそうだが、表面的には同じことに見える二つの概念、共通知識(コモン・ナレッジ)と共同知識(ミューチュアル・ナレッジ)について、重要な区別をつけているのは確かだ。日常の言語では、たとえば、オーストラリアの首都はキャンベラであるというのは、共通知識だと言っていいかもしれない。それはつまり、この国のことを知っている人なら誰でもこのことを当然のよ

うに知っているだろうということだ。別の例を挙げると、道路を使う人はみな、赤信号は「止まれ」であり、青信号は「通行可」という意味だということを知っている。このことは共通知識だと言ってもよさそうだ。「共通知識」のような普通の言葉を使うことは、通常の状況では問題はないが、ここではこれから、この言葉のもっと厳密な解釈を取り上げ、それを親戚関係にある共同知識と区別する。

数学はグループ、リング、フィールド、ラショナル、トランセンデンタルなどの日常用語を、専門用語として使うことが多い〔それぞれ日本語の数学用語としては群、環、体、有理数、超越数などと訳される〕。それぞれ、普通の辞書の定義があるが、一方、それぞれにまったく別の、数学の世界の中にある精密で厳密な意味もある。「共通知識」という言葉についても同じことが言える。この言葉の日常的な使い方は、言われていることが誰にも知られていることを言っている。しかし決定的な違いがある。オーストラリアの首都はキャンベラであることを、別の人も知っていることを、一人一人が知っているかどうかはどうでもいい。しかし交通の流れの安全を確保するには、すべての道路使用者が、交通信号で使われる色の約束事を知っているだけでは十分ではない。「他の利用者もこの約束事を知っていることをみんなが知っている」という条件が成り立たなければならない。でなければ、車を運転する人は、赤信号に近づく車を見て、あちらの車はそこで止まるという約束事を知っているだろうかと悩むことになりかねない。

そこで二つの定義を立てる。まず共同知識。命題Sは、ある集団の中で、その集団にいる各人がSを知っているとき、共同知識だと言われる。共同知識そのものからは、誰も、どの知識が他の誰かも有しているかについて、何か言えるわけではない。キャンベラの例は共同知識の例となる。これに対し、共通知識の専門的な定義は、もっと深い含みをもたらす。みんながSを知っていることをみんなが知っている（し、みんなが知っていることをみんなが知っていることをみんなが知っているし、以下同様）。交通信号の例は共通知識であることを必要とする。

先のドラマの会話では、フィービーが言った

「そうね。だからあの二人はあなたが知ってるってことは知ってて、レイチェルが知ってるってことは知らないのよね」

は、モニカ＝チャンドラーのカップルとジョーイとの間で共有される共通知識と、レイチェルと他の三人で共有される共同知識とを区別している。

　共同知識を共通知識に変換することも可能だ。たとえば、知らない人どうしを部屋に集め、オーストラリアの首都はキャンベラだと述べることもできるだろう。そのことを各人がすでに知っていた（それゆえにそれはすでに共同知識だったと）と仮定すれば、一見すると、この発言は何も新しいことは加えていないように見えるが、それは共同知識を共通知識に変えている。部屋にいる人はみな、その部屋にいる人がみなオーストラリアの首都はキャンベラであることを知っていることを知ったからだ。本章の第一の問題の中心にあるのは、この特徴である。

　児童文学には、よく知られたこの現象の例として、よく知られた例がある。ハンス・クリスチャン・アンデルセンの童話「裸の王様」だ。二人の詐欺師が見栄っぱりの王様に、自分たちは絹や金糸で立派な服が作れるが、この服は、「ばかな人や地位にふさわしくない人には見えない」と言って信じさせる。王様が二人に金と材料を与えて王の衣装を作らせると、二人は何も着せない。王様だけでなく、宮廷の人も、自分がばかだとか無能だとかの烙印を押されるのを恐れて、服が見えないとは言い出さない。この新しい衣装のお披露目のために行列が整えられ、王様が通り過ぎると民衆は喝采する。

　道ばたにいる人も、窓から見ている人も、みな喝采して、「王様の新しい衣装の何とみごとなこと」と声を上げました。

そのときある子どもが

「でも王様は何も着てないよ」

と言う。その瞬間、王様が裸だという共同知識は共通知識となる。

　これは意味論の世界だけの重箱の隅にはとどまらない。ここでは共同知識の共通知識への変換が含意することについて、有名な例を検討していく。数学的帰納法の手法を使うが、これについては付録（265頁）でおさらいしてある。

赤い帽子と青い帽子

　何人かの人が一部屋に集められ、一人に一つずつ帽子が渡される。帽子の色は赤か青いずれかだ（すべて同じ色である可能性もある）。話をはっきりさせるため、ここでは15個が赤だとする。それ以外は青ということだ。ただし、参加者にはこの分布のことは知らされていない。また、各人は完全に論理的であることも仮定する。

　各人の頭に一つずつ帽子が載せられる。その色は本人にはわからないが、他の人の帽子が何色かはすべて見えるようになっている。部屋にいる人々は、互いを見るが、連絡はできない。また、毎正時に鐘が鳴る時計があり、誰もがそれを見て音を聞くことができる。各人とも、自分が赤い帽子をかぶっていることが確信できたら、その次に鐘が鳴った後に部屋を出るよう指示される。

　一団はただ部屋で座っているだけで、毎正時に時計が鳴るのを待っている。赤い帽子をかぶっている人は、他に14人が赤い帽子をかぶっているのを見る。青い帽子をかぶっている人は、15人が赤い帽子をかぶっているのを見るが、情報がなければ誰も自分がかぶっている帽子の色はわからない。赤い帽子は14個か、15個か、16個か。幸いなことに、部屋を訪れる人がいて、入って来て、みんながかぶっている帽子を見まわすと、「少なくとも一人は赤い帽子をかぶっている」と告げる。

　これではほとんど何もわからないように見える。ところが、どうでもいい発言のように見えて、そのひとことがあることで、それから

それはみんな知っている　13

15回めの鐘が鳴ったとき、赤い帽子をかぶっている15人全員が、同時に部屋を出ることになる。

この推理を検討するには、いくつかの表記法を採用しておくと便利になる。「少なくとも一人は赤い帽子をかぶっている」という命題は R_1 で表し、「A は X を知っている」という命題は $A \to X$ という式で表す。

まず、赤い帽子が一つだけの場合を考えよう。先の発言がある前は、赤い帽子をかぶっている A は、青い帽子だけを見ていて、自分自身の帽子の色はわからない。つまり、$A \not\to R_1$ となる。$A \to R_1$ という発言の後は、自分の帽子が赤であることを確信し、時計が次に鳴ったときには部屋を出て行くことになる。先の発言が伝えた情報は、状況を直ちに解決することになる。

赤い帽子が二つある場合を考えよう。発言の前は、R_1 は共同知識だが共通知識ではない。つまり、誰にも少なくとも一つの赤い帽子が見えるが、赤い帽子をかぶっているのが A と B だとすると、$A \to R_1$ かつ $B \to R_1$ となる。それぞれ相手の赤い帽子を見ることができるからだ。しかし $A \not\to (B \to R_1)$ である。$B \to R_1$ は、B が A の赤い帽子を見ていることから直接出てくる結果であり、A は自分の帽子が本当に赤かどうかはわからないからだ。先の発言は、全員に R_1 が正しいことを教え、したがって、今度は $A \to (B \to R_1)$（かつ $B \to (A \to R_1)$）が成り立つ。この発言によって情報が得られたわけで、赤い帽子をかぶっている人どうしの共同知識が、両者の間では共通知識となった。発言後、初めて時計が鳴ったときには、誰も自分の帽子の色については結論が出せない。赤い帽子は一つかもしれない。A の視点からは B がかぶっている。そして次に鐘が鳴ると、事態は変化する。A は、B が最初の鐘で出て行かなかったということは、B も赤い帽子を見ていたということで、したがって赤い帽子は二つある。つまり A と B それぞれがかぶっているものだ。〔B も同じことを考えて〕二人とも部屋を出る。

赤い帽子が三つのときには、発言の前には赤い帽子をかぶっている A、B、C について、次のような事情になる。B は A と C が赤い帽子

をかぶっているのを見るので $B \to R_1$ だが、C は自分の帽子が赤か青かわからないので、$C \not\to (A \to (B \to R_1))$ となる。

発言の後、R_1 は再び共通知識となるので、$C \to (A \to (B \to R_1))$ となり、ここでも一見すると何でもない発言の中に情報が含まれることになって、上と同じ論証で、時計が三度めに鳴ると、三人がいっせいに部屋を出ることが明らかになる。

推論は、赤い帽子の数が増えるにつれて、得られる知識の入れ子が深まりながら続いていく。あの発言が知識の最初の矢印にある斜線を消すのだ。赤い帽子が少なくとも一つあることをみんなが知っていることをみんなが知っていることを……。そこから、一つの可能性、今考えている場合では、赤い帽子をかぶっている15人全員が、すべての可能性を排除して、赤い帽子は15だと知るまでは、時間の問題だ。

「同様に続く」というタイプの論証は、帰納法による証明を行なうのが通例で、以下にその種の証明を挙げておこう。

帰納法は時計の時報をめぐってとられる。R_i を「少なくとも i 人が赤い帽子をかぶっている」という意味とする。さて、時計が i 回めに鳴ったとき、R_i は共通知識になるとしよう。赤い帽子をかぶった人が誰も自分の帽子は赤かどうか判断できなければ、R_{i+1} が正しいとせざるをえない。各人は少なくとも i 個の赤い帽子を見ているにちがいないからだ。でなければ、自分の帽子が赤だということに気づける。自分の帽子も赤に含めればこそのこの結果というわけだ。これは、時計が15度めに鳴ったとき、少なくとも15の赤い帽子があることは、共通知識となる。しかし赤い帽子をかぶった人々に見える赤い帽子は14個だけで、したがって自分の帽子は確かに赤だとするしかなく、それで部屋から出ることになる。

この問題は、いろいろな変種がある問題——ジョン・エデンサー・リトルウッドなどの有名人が名をつけているものもある——の一つで、どれも基本的な考え方は同じだが、どれも非常に混乱する。

共通知識の重みは広い範囲の数学の応用に広がり、経済学、ゲームの理論、哲学、人工知能、心理学などに及ぶ。この考えは、スコットランドの哲学者、デーヴィッド・ヒュームにまでさかのぼるかもしれ

ない。1739 年、著書の『人性論』で、協調した活動に参加するためには、参加者全員がお互いから予測される行動について知っていなければならないと論じている。現代の物書きもヒュームには難なく共感を抱ける。ヒュームは、同書に対する当初の世間の反応を、この本が「印刷機から死産で出てきて、熱くなった人が不平の声を上げるほども目立つに至らなかった」というふうに判断している（あまりに批判的だが）。今では一般に、近代哲学の展開の中で最大級の重要な本に入れられている。

最後の問題。上の話では、必要とも思えない時間の経過を時計が鳴ることで数えているが、そうする中で、一見するとどうでもいい命題が、一見すると役にも立たない条件に変わった。この点でそれと似たような状況を考えることにしよう。

連続する整数

二人の人物 A と B が、正の整数を割り当てられる。二人はそれぞれ内緒で自分の整数を教えられ、また二つの整数は連続していることも教えられる。二人は時計のある部屋で座っている。時計は毎正時に鳴る。二人はいかなる方法でも連絡をとってはいけないが、相手の数が何かわかり、その数が明らかになって最初に時計が鳴った後でその数を発表するまで部屋で待機するよう指示される。

二人ともいつまでも部屋にいなければならないように見える。時計は容赦なく毎正時を告げ、二人は決して来ることのない助けを待っているようだ。たとえば、自分の数は 57 であることはわかって部屋にいると想像しよう。相手の数が 56 か 58 かはわからない——それともわかるだろうか。

実は、時計が鳴ることと、数が連続しているということには隠れた利点がある。われわれの直観力はこれをあっさりと利用しそこなう。帰納法を注意深く使えば、それがうまく使えて、うまく使えれば、ある段階で一方が部屋を出ることが納得できるはずだ。

実際どうなるか。その感触を得るために、A の数が 1 だとしよう。

するとBの数は2でなければならず、最初に時計が鳴ったらAはすぐにBの数は2だと発表することになる。今度はAが2だとしたときの場合を考えよう。これは、Bの数が1か3のいずれかであることを意味する。1だとすれば、Bは最初に時計が鳴ったときに、答えを言うことになる。それがなかったということから、Bの数が3だということがわかり、次に時計が鳴ったときにそのことを発表する。論証はこの手順で続けることができるが、いちばんいいのは帰納法を用いることで、そうすれば、「自分の数がnの人は、時計がn回鳴ったときに、相手の数が$n+1$であることを、発表する」というすばらしい結果が得られる。

　実は、証明は易しい。小さい方の数が1のときについては、この命題が正しいことは、すでに論証した。そこで小さい方の数がkで、Aは$k+1$を与えられているとき、この命題が成り立つとしよう。すると、Bの数がkだとすると、帰納される仮説によって、BはAの数を、時計がk回目に鳴ったときに発表する。そうでなければBの数は$k+2$で、Aは、時計がk回鳴ったときにそのことを知り、それでBの数を、時計が$(k+1)$回めに鳴ったときそのことを発表する。これで帰納法は完成する。

第 2 章

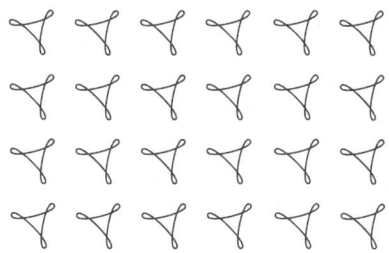

シンプソンの逆説

統計学はビキニの水着だ。それが見せているところは示唆に富む／扇情的だが、肝心なのはそれが見せないところの方だ。

——アーロン・レヴェンスタイン

外伝

クリケットの熱狂的なファンでなければ、イングランドとオーストラリアという宿敵どうしによる、広く「遺骨」シリーズと呼ばれる2年に一度の勝負にまつわる心の傷は、よくわからないことだろう。イングランドのベストメンバーによるチームは、1882年8月29日（ホーム）、初めてオーストラリアに敗れた。この一件で、イギリスで刊行されている『スポーティング・タイムズ』紙は、イギリスのクリケットに対する訃報を掲載した。そこには、「遺体は火葬され、遺骨はオーストラリアへ運ばれる」という文言もある。次の定例試合（オーストラリア）はイングランドが制し、キャプテンのダーンリー卿には、記念の小さな壺が贈られた。かくて一歩も譲らぬ激しい戦いが始まった。何が入っているかわからない小さな壺は、どちらが勝とうとロンドンを離れることはなかったが、戦いはその理念上の所有権をめぐって争われた。

たまたま見つけたクィーンズランドの教育用ウェブサイト（http://exploringdata.cqu.edu.au/sim_par.htm）が、元オーストラリア・チームの打者、スティーヴ・ウォーとマーク・ウォーによるささやかな伝説を明らかにしている。

　スティーヴとマークは、今後2回の「遺骨」シリーズでの平均打率はどちらが高いかという賭けをすることにした。次回はイングランド、その次はオーストラリアで行なわれる。

　最初の遺骨シリーズの後、スティーヴはマークに「君には厳しそうだな。僕は10アウトに対して600ランだから、平均は50だ。君は6アウトで270ランだから、平均は45だ」と言った。

　その次の遺骨シリーズの後、スティーヴはなおも言った。「ほら、ちゃんと払えよ。今度は僕が4アウトで320ランだから、平均は80で、君は10アウトで700ランだから、平均は70だ。2回とも僕が勝っているからな」

　マークは言う。「ちょっと待てよ。賭けは2回全体の打率で、シリーズごとのじゃないだろう。俺の計算では、君が14アウトで820ラン、僕は16アウトで970ラン。君の平均は58.6で、こちらは60.6だ。僕の勝ちだよ」

　スティーヴは2回のシリーズそれぞれで平均が上回っているのに、全体の平均は低いという。そんなことが、どうしてありうるのだろう。

　この問題は、クリケットにいろいろとややこしいところがあることとはまったく関係ない。アメリカのいろいろな新聞の日曜版に付録で入っている『パレード・マガジン』紙の「マリリンに聞いてみよう」という欄には、いろいろな事柄について読者が質問し、意見を述べるコーナーがあり、たくさんの読者から反響がある。ときどき読者がこの欄の担当者マリリン・ヴォス・サヴァントに、考えてほしい問題を投稿する——マリリンはIQが最高の人物として『ギネスブック』に載っているくらいなので、読者は当然、なるほどと思う答えを期待する。次の質問は、1996年4月28日の同欄に投稿されたものだ。

ある会社が事業を拡大することにして、455人の求人がある工場を開いた。定員70人の事務職に対して、男性200人、女性200人が応募してきた。応募した女性のうち20%が採用されたが、男性の採用は15%だけだった。製造職に応募した男性400人のうち75%が採用され、女性100人のうち85%が採用された。

連邦平等雇用機会委員会の担当者は、採用された男性の数が女性の数よりもずっと多いと認め、調査に乗り出した。雇用のしかたに違反があるとの指摘に対し、社長は差別などまったくないと否定し、事務職も製造職も、採用された女性の比率は男性よりも多いと述べた。

ところが政府側の担当者は独自に統計をはじき出し、応募した女性のうち、58%が就職を断られたのに対し、男性の応募者については45%だけだということを明らかにした。現行の法律では、これは違反となる。元のデータが同じなのに、このような対立する統計的結果が出てくるのはどうしてか、説明できますか。

読者は計算を確かめたいと思うかもしれないが、マリリンは、提示されている数字はすべて正しくても、二つの結果は実は対立はしていないと正しく述べている。そのような矛盾するデータが必ずしも無理に考えられたものでもない。次のような実話も考えてみよう。

1934年、モリス・コーエンとエルンスト・ナゲルは、1910年の2つの都市（ヴァージニア州リッチモンド〔R'd〕とニューヨーク州ニューヨーク市〔NY〕）での結核による死亡率を挙げている。データは表2.1に示した。そこからわかるように、死亡率は白人も黒人もニューヨークよりリッチモンドの方が低いが、白人と黒人を足した死亡率は、ニューヨークよりもリッチモンドの方が高い。

表 2.1

	人口		死亡		10万人あたりの死亡率	
	NY	R'd	NY	R'd	NY	R'd
白人	4 675 174	80 895	8365	131	179	162
黒人	91 709	46 733	513	155	560	332
計	4 766 833	127 268	8881	286	187	226

シンプソンの逆説

これまでの例はどれも、データの部分部分が支持する仮説と、合わせたときに支持する仮説とが違っている。この現象は「シンプソンの逆説」と呼ばれる。1951年の論文でこれを論じたE・H・シンプソンの名による ("The interpretation of interaction in contingency tables," *Journal of the Royal Statistical Society* B13: 238-241)。よくあることだが、名前がついている人物が、実際に最初にそれを考えた人というわけではない。G・ウンディ・ユールという人物が、1903年、シンプソンよりも先にこのことを論じており ("Notes on the theory of association of attributes in statistics," *Biometrika* 2: 121-134)、またその前にも、1899年のカール・ピアソン、A・リー、L・ブラムリー＝ムーアがいる ("Genetic (reproductive) selection: inheritance of Fertility in man," *Philosophical Transactions of the Royal Statistical Society* A173: 534-539)。ユールはつながりを「見かけ」あるいは「錯覚」と述べている。しかしシンプソンはこの現象に、機知に富んだ意外な解説を加え、変わってはいるが説明できることが起きていることを明瞭に見てとった。そのためにシンプソンの名がついている。

機知に富んだ解説をしたシンプソンにならって、次のような事実に基づく説を検討してみよう。これは同じことを逆転して見せている。

アメリカ生まれのアメリカ人よりも、外国人の方が精神病になりやすいとする説を支える論拠が、1854年、マサチューセッツ州で出さ

れた。表2.2に、根拠として挙げられた数字が出ている。これらの数字は、外国生まれの人が精神病と見なされる確率は $\frac{625}{230000}=2.7\times 10^{-3}$ であり、アメリカ生まれの人についてはこの確率は $\frac{2007}{894676}=2.2\times 10^{-3}$ に下がる。この説には根拠があるのではないか。

表 2.2 集団全体

	精神病	非精神病	計
外国生まれ	625	229 375	230 000
国内生まれ	2007	892 669	894 676
計	2632	1 122 044	1 124 676

表 2.3 貧困層

	精神病	非精神病	計
外国生まれ	182	9 090	9 272
国内生まれ	250	12 513	12 763
計	432	21 603	22 035

表 2.4 自立層

	精神病	非精神病	計
外国生まれ	443	220 285	220 728
国内生まれ	1757	880 156	881 913
計	2200	1 100 441	1 102 641

そこで、当時認められていた社会階層に従ってデータを分けてみることにしよう。現代の目からすると奇妙なことだが、貧困層と自立層に分けるのである。すると表2.3および表2.4のような結果が得られる。

貧困層内部で、外国生まれの人が精神病と判断される確率は $\frac{182}{9272}$

= 0.02 で、これは国内生まれの人の $\frac{250}{12763}$ = 0.02 と変わらない。同じことは自立層についても言えて、確率はそれぞれ 2.0×10^{-3} となる。すると、人の属する階層について補正すると、精神衛生と生まれたところとの間にはまったく関係がないことがわかる。

分析

解説のために、最後にこの現象の理論的な例について詳述しよう。

表 2.5 男に対する新薬の効果

	C	$\sim C$	
X	40	160	200
Y	30	170	200
	70	330	400

表 2.6 女に対する新薬の効果

	C	$\sim C$	
X	85	15	100
Y	300	100	400
	385	115	500

二つの新薬 X、Y は、特定の慢性病にかかっている人々の集団から得たサンプルについてテストされ、表 2.5 と 2.6 は二つの新薬の男と女に対する効果を別々にまとめたものだとしよう。表は治癒の場合（C）とそうでない場合（〜C）の頻度を示している。$\frac{40}{200} > \frac{30}{200}$ であり、$\frac{85}{100} > \frac{300}{400}$ なので、この表は男に対しても女に対しても、薬 X の方が薬 Y よりも効果があることを示している。

表 2.7 男女合わせた新薬の効果

	C	$\sim C$	
X	125	175	300
Y	330	270	600
	455	445	900

そこでデータを統合すると表 2.7 が得られる。こちらは集団全体に対するそれぞれの効果を比較したものである。$\frac{330}{600} > \frac{125}{300}$ となり、今度は薬 Y の方が X よりも効果があることになる。X と Y のどちらがいいのだろう。

この過程の構造は、表 2.8 から表 2.10 にまとめられている。

逆説が生じるのは、数にかかわる次のような単純な事実によることがわかる。

$$\frac{a}{b} > \frac{c}{d} \text{ かつ } \frac{p}{q} > \frac{r}{s}$$

だとしても、必ずしも

$$\frac{a+p}{b+q} > \frac{c+r}{d+s}$$

とはかぎらず、逆も言える。たとえば、$\frac{1}{2} > \frac{3}{7}$ であり、$\frac{1}{5} > \frac{1}{6}$ だが、

$$\frac{1+1}{2+5} = \frac{2}{7} < \frac{4}{13} = \frac{3+1}{7+6}$$

となる。

表 2.8 部分集団 1

	属性あり	属性なし	計
属性	a	$b-a$	b
別の属性	c	$d-c$	d
計	$a+c$	$b-a+d-c$	$b+d$

表 2.9 部分集団 2

	属性あり	属性なし	計
属性	p	$q-p$	q
別の属性	r	$s-r$	s
計	$p+r$	$q-p+s-r$	$q+s$

表 2.10 合算

	属性あり	属性なし	計
属性	$a+p$	$b-a+q-p$	$b+q$
別の属性	$c+r$	$d-c+s-r$	$d+s$
計	$a+c+p+r$	$q-p+s-r+b-a+d-c$	$b+d+q+s$

先の仮説的な例では、$\frac{40}{200} > \frac{30}{200}$ で $\frac{85}{100} > \frac{300}{400}$ だが、

$$\frac{40+30}{200+200} = \frac{70}{400} < \frac{385}{500} = \frac{85+300}{100+400}$$

となる。

行列表記　$X = \begin{pmatrix} a & b \\ c & d \end{pmatrix}$　と　$Y = \begin{pmatrix} p & q \\ r & s \end{pmatrix}$

を使って二つの部分集合集合をまとめると、

$$X + Y = \begin{pmatrix} a & b \\ c & d \end{pmatrix} + \begin{pmatrix} p & q \\ r & s \end{pmatrix} = \begin{pmatrix} a+p & b+q \\ c+r & d+s \end{pmatrix}$$

となり、こうすると、先の不等号に関する状況は、X の行列式の値が 0 より大きく、Y の行列式の値が 0 より大きくても、$X + Y$ の行列式の値は必ずしも 0 より大きくはならないという、やはりわかりやすい命題に置き換えられる。行列式は加法的ではないからだ。

また、図 2.1 を使って、逆もありうることの図形的な説明も出せる。傾きが今比べている分数となる直線をとると、破線の傾きは、対応する実線の傾きとは逆順になっている。

図 2.1

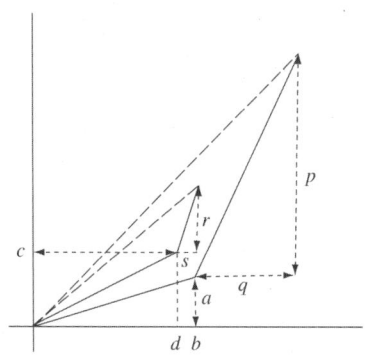

逆説的データを作りやすくするために、次のようなことが言える。

$$\frac{p}{q} > \frac{r}{s}$$

と仮定したのだから、

$$p > q\frac{r}{s}$$

となり、逆説が存在するなら、先の第三の不等式を逆転して、

$$\frac{a+p}{b+q} < \frac{c+r}{d+s}$$

が得られるので、

$$p < \frac{c+r}{d+s}(b+q) - a$$

となる。これは p の範囲を

$$q\frac{r}{s} < p < \frac{c+r}{d+s}(b+q) - a$$

に制限する。たとえば、逆説が存在する p の範囲は、理論的な例からのデータを使って、$75 < p < 125$ と求めることができ、実際の $p = 85$ はこの範囲に見事に収まっている。

q の上限を求めるには、上の p を消して

$$q\frac{r}{s} < \frac{c+r}{d+s}(b+q) - a$$

とすると、

$$q\left(\frac{r}{s} - \frac{c+r}{d+s}\right) < b\frac{c+r}{d+s} - a$$

つまり

$$q(r(d+s) - s(c+r)) < s(b(c+r) - a(d+s))$$

で、これは $q(dr - cs) < s(b(c+r) - a(d+s))$ を意味する。

明確にするために、

$$\frac{r}{s} > \frac{c}{d}$$

をとろう。すると $dr - cs > 0$ となるので、不等式

$$q < \frac{s(b(c+r) - a(d+s))}{dr - cs}$$

が得られる。やはり理論的な例からは $q < 285.7$ が得られ、$q = 100$ なので、これも不等式の範囲に収まる。

最後に、逆説が存在しうる最小の集団を考えるのも面白いかもしれない。ゼロとなる項目がないとすれば、トマス・ベンディングの示したところによれば、

$$a = 1, \quad b = 2, \quad c = 3, \quad d = 7,$$
$$p = 1, \quad q = 5, \quad r = 1, \quad s = 6$$

は、全集団が $b + d + q + s = 20$ となる逆説的な状況である。これが最小かどうかは、ベンディングも言うように、別の問題だ。

シンプソンの逆説が生じる例は、大学進学適性試験の得点を人種に分ける話(D. Berlinger, 1993, *Educational Reform in an Era of Disinformation. Educational Policy Analysis Archives*) から、南アフリカの子どもの成長 (Christopher H. Morrell, 1999, "Simpson's Paradox: an example from a longitudinal study in South Africa," *Journal of Statistics Education*, vol. 7 (3)) から、よく言われる、カリフォルニア大学バークレー校が女性の大学院入学について偏りがあるとして訴えられた1973年のバークレー男女差別事件 (P. J. Bickel, E. A. Hammel and J. W. O'Connell, 1975, "Sex bias in graduate admissions: data from Berkeley," *Science* 187: 398-404) にいたるまで、いろいろな分野に数多く見つかる。

第3章

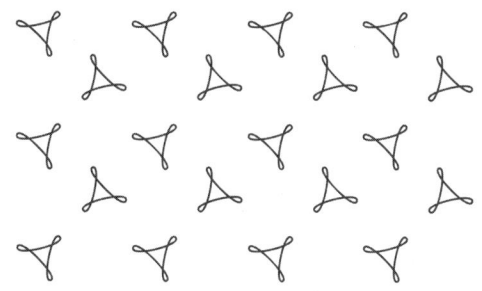

不可能な問題

問題が単純だと思ったら、それは誤解しているということだ。

——ビヤルネ・ストラストラップ

二人のオランダ人(ダブル・ダッチ)

オランダの数学者にして数学史家、数学教育者でもあるハンス・フロイデンタールは、独創的で啓発的な思想家だった。電波望遠鏡という、相当に複雑な仕掛がある。そこでフロイデンタールは、電子機器で地球外生命と通信するには、相手方にも、数を数えて $2+2=4$ であることを認識する能力が要ると論じ（ごもっとも）、その確信から、数学に基づいたリンガ・コスミカという星間言語（「宇宙の言語(コスモス)」という意味で、フロイデンタールによる1960年の著書、*LINCOS: Design of a Language for Cosmic Intercourse* で発表された）を生み出した。また、特筆すべき論理パズルも生み出したようで、本章ではこのパズルについて考えよう。発表されたのは1969年のことで、オランダの『新数学資料集(ニュー・アルヒーフ・フォル・ヴィスクンデ)』の問題223という形をとった。元の形では次のようになっている。

問題223 A が S と P に言う。「私は二つの整数 x, y を、$1 < x < y$ かつ $x + y \leq 100$ となるように選んだ」。すぐ後で A は、S には $s = x + y$ であることだけを伝え、P には $p = xy$ であることだけを伝えると知らせる。それぞれの告知は内緒にされる。その上で、数の組 $\{x, y\}$ を求めよと言われる。A は約束通りに行動し、その後、次のような会話が行なわれる。

 1. P「どういう組合せかわからない」
 2. S「君がわかっていないことはわかっていた」
 3. P「わかった」
 4. S「僕もわかった」

数の組 $\{x, y\}$ を求めよ。

後の変種

『マセマティカル・マガジン』誌1976年3月号（49巻2号）の「問題」欄には、第977問として、デーヴィッド・J・スプロウズの手で、上のパズルの英語版が再登場している。編集者による脚注には、

過去に『アメリカン・マセマティカル・マンスリー』誌、とくにE776, E1126, E1156として登場した問題を簡潔にしたもの

とあり、この問題の変種が、それぞれ1948年、1955年、1956年に出ていることを確認する見解で、それは確かに意味のある変種であり、この点はこれから見るように、着目に値することだ。当然のこととして、マーティン・ガードナーがこの問題をもっと広い数学パズル界に紹介することになり、実際、この問題はガードナーの関心を引くこととなった。『サイエンティフィック・アメリカン』誌1979年12月号の「数学ゲーム」欄では、「いくつかの問題——ほとんど不可能な問題など」という題がついていて、ガードナーは雑多な小問を読者に出している。その第1問がフロイデンタールの問題をガードナーがまと

めたもので、ガードナーはこの問題を、カナダのパズルと手品の名人、故メル・ストーヴァーから聞いたという。本題の前に、前口上がある。

次の雑多な問題はほとんどの読者には新しく、手こずるものと期待する。第1問はとても難しく、答えを出すのには来月までの1か月のうちの大層な部分をかけなければならないだろうから、今回、本欄の最後に答えをつけておく。難問を味わいたい読者は答えを読む前に問題を考えておくこと。ここに示した答え以上に簡単な答えがあるなら、ぜひ教えていただきたい。その他の問題は、次号の本欄末尾に答えを載せる。

その第1問は、「不可能な問題」とされている。
　ガードナーが出した元の問題は次のようになっていた。

1より大きく20以下の正の整数から二つの数（必ずしも異なるわけではない）を選ぶ。数学者Sには二つの数の和（サム）だけが教えられ、数学者Pには二つの数の積（プロダクト）だけが教えられる。
　電話でSはPに、「君がこちらの和を知る手だてはないね」と言う。
　1時間後、PがSに電話して、「和がわかった」と言う。
　後でSがまたPに電話して、「僕もそちらの積がわかった」と言う。
　この二つの数は何と何か。

ガードナーはさらにコメントをつけている。

問題を簡単にするために、ここでは二つの数の上限を20にした。これは和が40を超えることはなく、積は400を超えることはないということだ。ただし、一つに決まる答えがわかったら、上限を上げるのは簡単だということもわかるだろう。驚くことに、上限を100まで上げても答えは同じである。

とくに数と発言の並び方から見て、ガードナー版は元のパズルの変種であることがわかる。何年もの間、問題は、謎と驚きの雰囲気をかもし続けた。この種のものは、与えられた情報だけからでは、どれも解けそうになかったが、答えは存在し、数学で最大の予想の一つであるゴールドバッハ予想を用いることがからんでいる。これについては付録（268頁）に解説してある（トルステン・シルケによる www.mathematik.uni-bielefeld.de/~sillke/ も参照のこと）。

どんな変種であれ、言葉がどうなっているかは重要だ。リー・サロウズは、ガードナー版について、「不可能な問題」という記事で詳細に考察している（1995, *The Mathematical Intelligencer* 17(1): 27-33）。ここでは名前の頭文字を元に、ポリーとサムという二人の完璧な論理の持ち主を使って仕立てられた特定の形のものを見る。上限に注目しよう。

ポリーとサムのところへ友人がやってきた。その友人は、2以上800以下の二つの整数を考えていて、ポリーには積を、サムには和を耳打ちした。その後の会話はこうなる。

1. ポリー　「私は二つの数がわからない」
2. サム　　「そうだろうというのはわかる。僕もわからないし」
3. ポリー　「二つの数がわかった」
4. サム　　「僕もだ」

二つの数はいくつといくつか。

ポリーとサムの発言の中に含まれる情報から推論を引き出すことになるが、おそらく、ここで行なうのとは違う推論もできる。つまり以下に述べるものとは、可能性の排除のしかたが異なることもありうるということで、その点は明言しておきたい。これは解くべきパズルというより、調べるべきパズルだ。

まず、サムの応答にある「僕もわからない」は、強調としての役割はしているものの、冗長だ。サムがこの段階で数を知りうるとしたら、それが (2, 3) の組合せの場合だけで、この可能性はポリーの発言ですでに消されている。

演繹の手順を重ねて得られる帰結を順に追うときには、コンピュータを使うと助けになり、この問題は、前々から人工知能のプログラムのためのきっかけとして使われており、いろいろなプログラムが、Lisp や Prologue のような人工知能言語で書かれている。ここではプログラムもどきで大まかな図式を示しておく。それを特定の言語に移植することもできる。

分析

二つの整数を、x と y とすると、次のことが導ける。

発言 1 の後

x と y がともに素数であることはありえない。素数だったら、与えられた積の因数分解のしかたは 1 通りだけで、ポリーには数がわかることになり、これはポリーの最初の発言と矛盾する。

$x \times y$ は素数 p の立方ではありえない。でなければポリーはこの数が p と p^2 だとわかることになる。

発言 2 の後

$x + y$ は奇数でなければならない。ここでゴールドバッハ予想〔確かめられている範囲での〕が必要になる。$x + y$ が偶数なら、この予想を使って、それは二つの素数の和として書くことができる。そうであれば、x と y がともに素数だということで、その場合、サムは、ポリーが x と y の値を導けないと確信できなくなる。

$x + y$ は素数よりも 2 大きい数ではない。もしこの組合せなら、x が 2 で、かつ y が素数ということがありうる。この場合、積は $2y$ となって、やはりサムはポリーが x と y の値を導けないことを確信でき

ない。

$x + y < 403$ となる。そうでないなら、$x + y \geq 403$ であり、これはつまり、$x + y$ が奇数なので、x（の方で考えると）は素数 401〔上限の半分以上で最小の素数〕で、y の方は、$y \in \{2, 4, 6, ..., 800\}$ の偶数かもしれない。これはつまり、ポリーにわかっている積は $401y$ であり、y の最小の約数は 2 だということを意味する。すると、$x = 401$ でなければならない。そうでないと、$x \geq 2 \times 401 = 802$ となり、これは許されない範囲にある。ゆえに、サムが $x + y \geq 403$ となる和を手にしているなら、ポリーが x と y の値を導けないことを確信できない。

この情報を使うと、許される数の組合せができる。そのリストを L としよう。

発言 3 の後

ポリーはサムに、二つの数が推理できると言ったのだから、ポリーの得ている積は、L に属する数の一通りだけの積であるらしい。ポリーは L が見えるし、積を作って、その積を生み出す一通りだけの組合せを特定できる。

発言 4 の後

サムはポリーに、二つの数を導けることを言ったので、サムの和も L から一通りだけできる。ポリーが積についてしたことを、和についてできる。

分析をしかるべくすれば、疑似コードを考え、それに基づくコンピュータ・プログラムの結果を詳細に明らかにできる。それをする前に、乗算と加算は交換可能な演算なので、$x \leq y$ と仮定して、リストのサイズを当初の $799^2 = 638401$ よりも小さくしよう。

疑似プログラム

配列 $A := \{(x, y): \{x, 2, 800\}, \{y, x, 800\}\}$〔2以上800以下の x と、x 以上800以下の y による配列を定める〕
$A := \{(2, 2), (2, 3), (2, 4), ..., (799, 7999), (799, 800), (800, 800)\}$〔配列にありうる組合せ〕
長さ $[A] = 319{,}600$.〔その大きさは $799^2 / 2$〕

発言1の後

$A \to$ 選択 $[A]: \{(x, y): (\text{NOT } [\text{素数 } [x] \text{ \& 素数 } [y]]) \text{ \& } (x \times y \neq \text{素}^3)\}$
$A := \{(2, 6), (2, 8), (2, 9), (2, 10), (2, 12), ..., (798, 800), (799, 800), (800, 800)\}$
長さ $[A] = 309{,}861$.

発言2の後

$A \to$ 選択 $[A]: \{(x, y): (x + y \text{ 奇}) \text{ \& } (x + y < 403) \text{ \& } (x + y \neq \text{素} + 2)\}$
$A := \{(2, 9), (2, 15), (2, 21), (2, 25), ..., (198, 199), (198, 203), (199, 202)\}, (200, 201)$
長さ $[A] = 12{,}996$.
これがリスト L となる。

発言3の後

$A \to$ 選択 $[A]: \{(x, y): x \times y \text{ は1通り}\}$
$A := \{(2, 9), (2, 25), (2, 27), (2, 49), ..., (198, 199), (198, 203), (199, 202), (200, 201)\}$
長さ $[A] = 4{,}471$
ポリーは L に自分が知っている積を探す。これは1通りでなければならない。

発言4の後

$A \to$ 選択 $[A]: \{(x, y): x + y \text{ は1通り}\}$

$A := \{(4, 13)\}$
長さ $[A] = 1$.

サムは L に和を求めて探す。

1通りに決まる答えは $(4, 13)$ である。

数学用のプログラム言語があれば、このふるいわけを大いに助ける関数があるだろう。そうでなければ、少々巧妙なプログラムを組む必要がある。

さらに考えると

疑似コードの最後のリストには要素が一つだけというところに意味がある。それが意味することは、数を与えた側には、二人の会話が正しいのであれば、その数を考えた人が他の組合せを考えた可能性はなかったということだけではない。ポリーとサムの会話を聞いてしまった観察者も二つの数を特定できるということも意味する。問題を完全に理解するには、ポリーとサムが知っていることと、二人の会話を聞いた観察者が知っていることとを区別することが大事だ。最初の二つの発言は、ポリーとサムが与えられた特定の数は利用していないし、聞いている観察者は同じ推論をしてリスト L に到達できる。L にはいくつもの数の組があり、ポリーは自分の数について自分で知っていることを使って、間に合う唯一の組を選び出す。サムは「積」を「和」に置き換えて同じことを行なう。実は、二人は与えられた正確な数を必要としない。それぞれが数の組を足したり掛けたりして、唯一の組合せ $(4, 13)$ に達するのだ。これが正しい以上、観察者も問題を自分で解けただろうし、ポリーとサムに二つの数を言うこともできただろう。

ここでは上限を 800 にした。今度はそれを変えてみよう。上限を増やして行って 123 になると、重要なことが起きる。L に初めて、$(4, 61)$ という組が登場する。最初の二つの発言によってできるふるいを

くぐりぬけるからだ〔122 までなら、61 は、上限の半分以上の最小の素数となって、「$x + y < 403$ でなければならない」に相当する「$x + y < 63$ でなければならない」とするふるいでふるい落とされる〕。(4, 61) が登場してから、これは $4 + 61 = 65$ は合計が 65 になる唯一の組合せではないので、除外されつづける——上限が 867 になるまで——つまり、初めて (4, 61) が除外されるもとになる組も除外され、この組もふるい落とされるまでは。ポリーとサムが最後に調べるリストは {(4, 13), (4, 61)} である。ここでポリーとサムは、自分が知っている正確な値を使って答えに達しなければならない。はじめて、数を提供する側が第 2 の組を選べた可能性が出てきて、見ている方は問題を解くことはできない。

(4, 61) は、ポリーには除外できない。これは掛けて 244 で、そうなる他の組は (2, 122) だけであり、これはどちらの数も偶数だからだ。

これは p を素数として $(2^n, p)$ の形の特殊例にすぎない。(4, 13) はその最初の例である。二つの数の積は $2^n p$ で、これは L の中でだぶりはありえない。そうするとすれば、2 を 1 個、素数の方へ移すことになり、これによって二つとも偶数になるからだ。これらの数をリストから除外できるのはサムの方だけだ。L にある他の数の組合せの和が $2^n + p$ になるなら、その組は除かれる。そうでなければサムは和についての正確な値についての知識を用いて、第 2 の発言をしなければならない。この意味で、このタイプの数の組はいちばん L から除外しにくく、上限を上げるとそういう組はもっと出てくるが、そうするためには、発言 2 から導かれる第 3 の結論を一般化しなければならない。443 までの上限に達する先の論証は、次の場合の特殊例である。x と y はそれぞれ上限 n をもつなら、$\overline{N}$ を N 以上で最小の素数として、$x + y < \lfloor \frac{1}{2} n \rfloor + 2$ である。

根拠は実は先ほどと同じことだ。$x + y \geq \lfloor \frac{1}{2} n \rfloor + 2$ なら、x か y の一方（x としておこう）は、$\lfloor \frac{1}{2} n \rfloor$ かもしれず、y は偶数 2 かそれより大きくなければならない。するとポリーは積 $y \lfloor \frac{1}{2} n \rfloor$ を手にしていることになる。そのため、二つの数がわかるだろう。ありうる曖昧なところは、ある因数を y から $\lfloor \frac{1}{2} n \rfloor$ に移すところにあり、y にありうる最小の

因数は 2 で、それによって、$x = 2 \times \lceil \frac{1}{2} n \rceil > n$ となるからだ。

上限が 2,000 としてこのプログラムを実行すると、最後のリストは

$$\{\{4, 13\}, \{4, 61\}, \{16, 73\}, \{32, 131\}\}$$

となり、上限を 5,000 まで持って行くと、

$$\{\{4, 13\}, \{4, 61\}, \{4, 229\}, \{16, 73\}, \{16, 111\},$$
$$\{32, 131\}, \{32, 311\}, \{64, 73\}, \{64, 309\}, \{67, 82\}\}$$

となる。この先まで行くと、この問題を自分で調べようとは思わなくなるだろう。

変種

最後に、読者に三つの標準的な、それでもあまり知られていない変種を見てもらおう——ただし答えはない。

変種1——3人の人物 V、C、X のところに別の人物 M が来る。M は 16 枚のカード、A、Q、4（♥）、J、8、7、4、3、2（♠）、K、Q、6、5、4（♣）、A、5（◆）を隠し持っている。

M はカードを無作為に一枚選び、V にカードの数字を教え、C には色を教える。その後、X が聞いているところで、「私のカードが何かわかりますか」と尋ねる。会話は次のように続く。

V——カードが何かわからない。
C——あなたがわからないことはわかっていた。
V——カードが何かわかった。
C——私もわかった。

X はしばらく考えて、M が持っているカードが何か、正しく当てた。

どうすればこんなことができるか。

変種2 —— A、B、Cは、それぞれ正の数が書いてある帽子をかぶっている。それぞれ他の人の帽子を見ることはできるが、自分の数は見えない。全員に、その中の一つの数は、他の数の和だと伝えられる。全員が聞いている中で、次の発言がなされる。

　A——自分の数が何か推理できない。
　B——自分の数が何か推理できない。
　C——自分の数が何か推理できない。
　A——自分の数は50と推理できる。

他の二人の帽子に書いてある数字は何と何か。

変種3 —— 人物Mが他の二人の人物AとBに会う。MはAに、二つの自然数の和を耳打ちし、Bには同じ二つの自然数の平方の和を耳打ちする。それぞれは、伝えられた情報が自然数の和と平方和であることは知っているが、具体的な中身は知らない。次に会話が続く。

　B——その数はわからない。
　A——その数はわからない。
　B——その数はわからない。
　A——その数はわからない。
　B——その数はわからない。
　A——その数はわからない。
　B——わかった。

二つの自然数はいくつか。

第4章

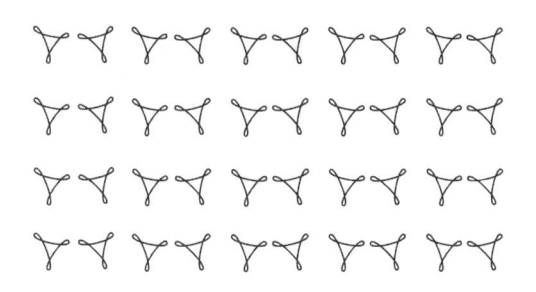

ブレースの逆説

人は充実と幸福を求めて別々の道をたどる。自分のいる道にそれがないからといって、なくなってしまったわけではない。

——H・ジャクソン・ブラウン

抜けられません

W・クネーデルは、1969年に発表した「グラフ理論の方法とその応用」で、こんなことを述べている。

……シュツットガルト市街、王宮前広場近くでの大規模な道路工事は、期待された利便を生み出せなかった。便利になったのは、交差するケーニヒ通りの下側の部分がその後、交通用途からはずされてからのことだった……

道路を造るよりなくす方が交通の流れを改善したわけだ。

図 4.1

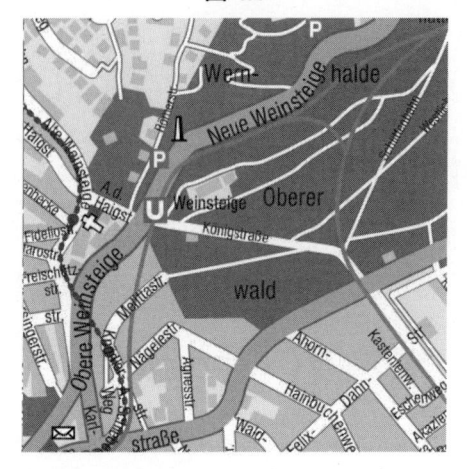

図 4.1 が市街の関連する部分の地図だ。ケーニヒ通り（königstraße）の一部は今、歩行者専用となっている。

ニューヨーク市の 42 番街が一時的に車両通行止めになったとき、予想された渋滞はなく、むしろ流れやすくなった。実際、『ザ・ニューヨーカー』誌 2002 年 9 月 2 日号では、1990 年代のアメリカで、一人当たりの道路新設量が多かった上位 23 の都市のうち、70％以上で交通渋滞が生じたことが報じられている。

こうした現象が観察されても、ドイツの数学者ディートリヒ・ブレースは驚かなかっただろう。ブレースは 1968 年、『ウンターネーメンストルフング』誌に、「交通計画の逆説について」という論文を発表し（12: 258-68）、しかるべき条件下では、渋滞を緩和するために新しい道路を建設すると、実際には問題が悪化するという、まさに実際のとおりの説を述べていた。単純な仮説上の道路網を使って、そこにバイパスをつなぐと事態が悪化することを明らかにしたのだ。

見えざる手の力

図 4.2 にあるのが、ブレースが仮想した、A から B まで、X か Y のいずれかを通る一方通行道路網だ。矢印は通行が可能な方向を示し、四つの経路についている式は、その経路の「費用関数<small>コスト</small>」を表す。ここでは特定の経路をたどる「コスト」を、しかじかの数の車両がその経路を使ったとして、そこを通り抜けるのにかかる時間と考えることができる。車で通る人は、この値を最小にしようとするものとし、いつでも交通状況を完全に知っていて、利己的に自分にとっていちばん都合のいい経路を選ぶと仮定する。そのようなコスト関数を決めるとなると、複雑な数理モデルを立てなければならない最たるものだが、ブレースが提起したのは、最も単純なモデルだった。つまり特定の経路を使う車両の数 x_r の 1 次関数だ。これは当該の道路の様子に影響される負荷で、その分の時間や燃料などを消費すると考えてもいいだろう。

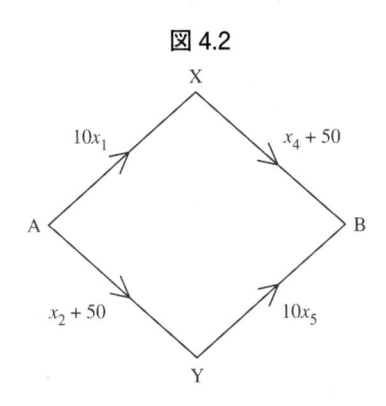

図 4.2

A から B までの交通量を n 台の車両（1 時間当たりか何かの）とすると、経路 X を使うコストと経路 Y を使うコストは、それぞれ $10x_1 + x_4 + 50$ と、$10x_5 + x_2 + 50$ となり、どの車も経路の前半を使えば、後半も使わざるをえないので、台数については、$x_1 = x_4$ および $x_2 =$

x_5 となる。これは、コスト関数を $11x_1 + 50$ および $11x_2 + 50$ に簡約できるということだ。事情に通じた運転手は、x_1 と x_2 の相対的な大きさに応じてどちらかの経路を使うことにするだろう。この系にいる第一の運転手はどちらの経路でも選べる。第二の運転手はそれとは逆の経路をとり、第三の運転手は第一の運転手と同じ方へ行くなどのことだ。n 人の運転手が $\frac{1}{2}n$ ずつの集団に分かれ、コスト関数も等しくなって、$C = 11 \times \frac{1}{2}n + 50 = \frac{1}{2}(11n + 100)$ となるとき、平衡に達する。

この全面的に利己的なモデルを動かすと、負荷は二つの選択肢の間に等しく分散され、自然な平衡状態に達する。

そこで役所が介入し、平均のコスト関数を最小にして、それによって、個人の都合ではなく、集団としての利便になるように、交通の流れを決める仕組みを導入したとしよう。

図 4.2 に示される配分では、平均コスト関数 A は、

$$\begin{aligned}
A &= \frac{1}{n}(x_1(11x_1 + 50) + x_2(11x_2 + 50)) \\
&= \frac{1}{n}(11(x_1^2 + x_2^2) + 50(x_1 + x_2)) \\
&= \frac{1}{n}(11(x_1 + x_2)^2 + 50(x_1 + x_2) - 22x_1x_2) \\
&= \frac{1}{n}(11n^2 + 50n - 22x_1(n - x_1))
\end{aligned}$$

となる。最後のところは $x_1 + x_2 = n$ による。

もう少し代数計算をすれば、この式は

$$A = \frac{1}{n}(\tfrac{11}{2}n^2 + 50n + 22(x_1 - \tfrac{1}{2}n)^2)$$

と書き換えられ、これは明らかに $x_1 = \frac{1}{2}n$ のときに最小値をとり、したがって、やはり負荷が等しく分散したときに問題の答えが得られ

ることになる。利己的な進め方は、集団としての責任を有する場合と同じことをしているわけだ。個人の最適化が集まって、集団としての最適化となる。アダム・スミスの見えざる手が制御しているのだ。(経済学者アダム・スミスは、1776年の『諸国民の富』にこう書いている。「個人はみな必ず、社会の年間所得をできるだけ大きくするように労働する。個人は一般に公共の利益を意図したり助長したりはしないし、自分がどれだけそれを増進しているかも知らない。自分の得になるようにするだけで、この場合も他の多くの場合も、見えざる手に導かれて、自分の意図にはない目的に向かっている。自分の利益を追求する方が、社会の利益を増進しようと意図する場合よりも、かえって効果的に社会の利益を促進することも多い。公共の善のために仕事をしようと思っている人々による好い結果は聞いたことがない」) ただ、スミスの見えざる手は、ときどき機能しなくなる——これからそういう例の一つを取り上げてみよう。

ゆるむ制御

渋滞緩和をねらい、図4.3に示すような、XとYを結ぶ、コスト関数 $x_3 + 10$ の、一方通行のバイパスを造る。

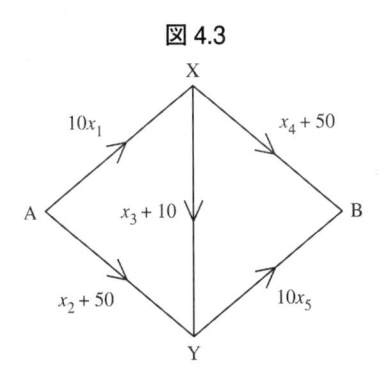

図4.3

今度はもう $x_1 = x_4$ かつ $x_2 = x_5$ とは結論できず、Aに入る n 台の車両のうち、x 台がAXを選び、その後で y 台がXYを選ぶという表し

方を採用することによって、この道路網の様子を調べることになる。これはつまり、図 4.4 に示すように、$x_1 = x, x_2 = n - x, x_3 = y, x_4 = x - y, x_5 = n - x + y$ ということだ。

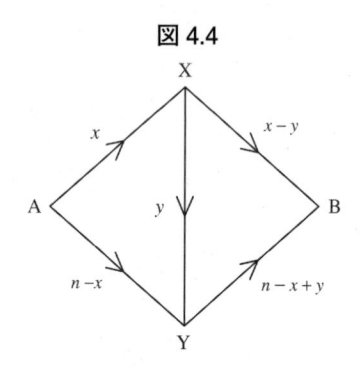

図 4.4

A から B へ行く経路は、X 経由、Y 経由、XY 経由の 3 通りあり、それぞれについてコスト関数を計算できる。

$$C_X = 10x + (x - y) + 50$$
$$= 11x - y + 50$$
$$C_Y = (n - x) + 50 + 10(n - x + y)$$
$$= -11x + 10y + 11n + 50$$
$$C_{XY} = 10x + (y + 10) + 10(n - x + y)$$
$$= 11y + 10n + 10$$

三つのコスト関数がすべて等しくなって、どの経路も他より良いとは言えない場合に平衡に達する。$C_X = C_Y$ かつ $C_X = C_{XY}$ とすると、二つの方程式 $2x - y = n$ かつ $11x - 12y = 10n - 40$ が得られ、その解は、

$$x = \frac{2(n + 20)}{13} \quad \text{と} \quad y = \frac{80 - 9n}{13}$$

となる。解が意味をなすには $x \leq n$ かつ $0 \leq y \leq n$ でなければならず、この不等式はそれぞれ、$n \geq \frac{40}{11}$ と $\frac{40}{11} \leq n \leq \frac{80}{9}$ となる。

そこで、$\frac{40}{11} \leq n \leq \frac{80}{9}$ であれば、平衡の位置について、意味のある解が得られる。結局、これらの x と y の値を元のコスト関数に代入すると、平衡の位置が次のように得られる。

$$C_X = C_Y = C_{XY} = \frac{31n + 1010}{13}$$

バイパスがなければ、コスト平衡関数は $C = \frac{1}{2}(11n + 100)$ となることを思い出そう。ブレースの逆説は $C_X > C$ のときに生じる。つまり $\frac{1}{13}(31n + 1010) > \frac{1}{2}(11n + 100)$ のときであり、これは、$n < \frac{80}{9} = 8\frac{8}{9}$ ということだ。

ブレースの逆説は、平衡が実現しうる n ならどれでも生じうる。つまり、$n = 4, 5, 6, 7, 8$ である。

実際、ブレースは $n = 6$ を選んで、要点を明らかにした。これは交通の流れを図 4.5 に示すようなものにし、バイパスが造られる前の平衡コストは、

$$C = \tfrac{1}{2}(11 \times 6 + 100) = 83$$

となり、できた後の平衡コストは、

$$C_X = C_Y = C_{XY} = \tfrac{1}{13}(31 \times 6 + 1010) = 92$$

となる。

追加の道路を造ることが、事態を悪くした。

図 4.5

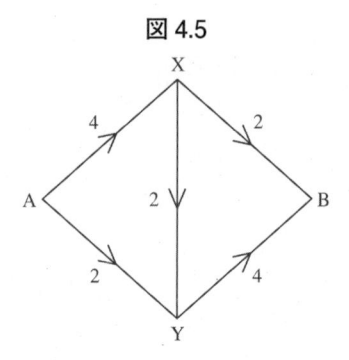

```
        X
      / | \
     4  |  2
    /   2   \
   A    ↓    B
    \   |   /
     2  |  4
      \ | /
        Y
```

　見えざる手が実際に統制力を失っていることもわかる。今度の平均コストはもっとややこしい式

$$A = \frac{1}{n}(x \times 10x + (n-x)(n-x+50) + y(y+10) \\ + (x-y)((x-y)+50) + (n-x+y) \times 10(n-x+y))$$

となり、これをまとめると

$$A = \frac{1}{n}(12y^2 + (20n - 22x - 40)y + 22x^2 - 22nx + 11n^2 + 50n)$$

となって、これを、x の与えられている値それぞれについて、y の関数と考えることにすると（$\frac{1}{n}$ は省略）、平方完成を行なって、次が得られる。

$$\begin{aligned} A &= 12\left[\left(y + \frac{10n - 11x - 20}{12}\right)^2 - \left(\frac{10n - 11x - 20}{12}\right)^2\right] \\ &\quad + 22x^2 - 22nx + 11n^2 + 50n \\ &= 12\left(y + \frac{10n - 11x - 20}{12}\right)^2 - 12\left(\frac{10n - 11x - 20}{12}\right)^2 \\ &\quad + 22x^2 - 22nx + 11n^2 + 50n \end{aligned}$$

これで y を分離して、任意の x について、$y = \frac{1}{12}(11x - 10n + 20)$ のとき、A は最小値になることがわかる。利己的な場合には、$x = \frac{2}{13}(n + 20)$ のときに平衡に達し、これによって、$y = \frac{1}{39}(175 - 27n)$ となり、これを先の $y = \frac{1}{13}(80 - 9n)$ と比べることができる。見えざる手は確かに消えている。

この現象の表し方は、今や何通りもあり、出てくる道路網もどんどん複雑になって、コスト関数は1次式のときもそうでないときもある。第一段階として、今見た元のブレース形式では、XY を両方向にすれば話は違うと想像されるかもしれないが、数字に変化はあっても、また執拗に逆説が現れる。

ここではブレースがもともと拵えたように逆説を拵え、交通の流れで表し、道路網に実際に影響を与えそうな二つの場合を取り上げた。R・スタインバーグと W・I・ザングイルが『トランスポーテーション・サイエンス』誌で発表した「どこにでもあるブレースの逆説」という論文は、さらに例を挙げている。この論文が述べるところでは、逆説は基本的にネットワークでの流れに関するもので、辺に対応するコスト関数がいろいろできて、そういうものであれば、交通の流れに限られるものではないという。その例は、水の流れでも、コンピュータのデータ転送でも、機械的、電気的ネットワークでも、電話の交換機でも顔を出す。1990年、ブリティッシュ・テレコム社の電話網で、「インテリジェント」交換機が、「より良い」経路を通る別経路電話によって経路がブロックされたのに反応して、ブレースの逆説のような状況に陥った。それがその後の電話で回路が切替えられ、連鎖反応が生じ、回線網のふるまいに破滅的な変化をもたらした。

ブレースの逆説は小さな局地的変化が、予測できないほど巨大な作用をすることの表れであり、計算に入れなければならない影響作用の一つとなっている。

第 5 章

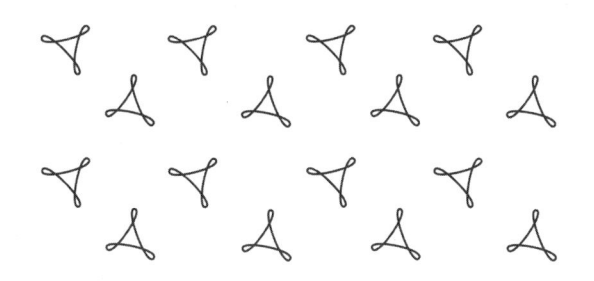

複素数の冪乗(パワー)

人を馬鹿にする才のある人を考えよう［そういう人ならこんなことを言うかもしれない］まず、負の量には対数がない。次に、負の量には平方根がない。さらに、最初のないものと後の方のないものとの関係は、円周〔C〕と直径〔D〕との関係に等しい。

——オーガスタス・ド・モルガン

世にも奇妙な物語

『アメリカン・マセマティカル・マンスリー』誌に H・S・ウーラーが寄せた小論については、たまたま読んだ人は、熱心な努力と巧みな工夫に感心する以外にも、こんな近似値に驚くかもしれない。

0.207 879 576 350 761 908 546 955 619 834 978 770 033 877 841 631 769 614

これはウーラーが $i^i = \sqrt{-1}^{\sqrt{-1}}$ に与えたもので、実数だ（H. S. Uhler, 1921, "On the numerical value of i^i," *American Mathematical Monthly* 28 (3): 114-116.）この小論の意図は、それぞれ e の冪乗となる八つの数について、高い

桁数の近似値を出すことだった。二つの数は、$e^π$、つまり後で触れるゲルフォント定数と、$e^{-π/2}$で、これがi^iとも書ける。$\sqrt{-1}^{\sqrt{-1}} = e^{-π/2}$という特筆すべき事実を、先のド・モルガンの引用と、この二つの根底にある事実とともに見れば、この先何頁かが埋まるだろう。

複素数と言えば、その歴史全体にわたって、考え方としても哲学的な意味としても難点が生じ、その対数を考えることで重大な混乱も生じた。たとえば、18世紀の数学の動乱期には、次の積分で得られる二つの答えの折り合いをつけることが、当然のこと、相当の重要性をもっていた（積分定数は省略）。

$$\tan^{-1} x = \int \frac{1}{x^2+1} dx = \int \frac{1}{(x+i)(x-i)} dx$$
$$= \frac{1}{2i} \int \frac{1}{x-i} - \frac{1}{x+i} dx = \frac{1}{2i} \ln \frac{x-i}{x+i}$$

これは、複素数の対数、とくに $\ln i$ に、わかりやすい意味が与えられることを意味する。ヨハン・ベルヌーイは、$(-x)^2 = x^2$ なので、$\ln(-x)^2 = \ln x^2$ で、$2\ln(-x) = 2\ln x$ であり、これはつまり、$\ln(-x) = \ln x$ であることを意味し、とくに言えば、$\ln(-1) = \ln 1 = 0$ で、これはもちろん、$\frac{1}{2}\ln(-1) = \ln\sqrt{-1} = \ln i = 0$ を意味する。かのライプニッツは、次のように論じて認めなかった。$y = \ln x$ なら、

$$x = e^y = 1 + y + \frac{y^2}{2!} + \frac{y^3}{3!} + \cdots$$

で、$x = -1, y = 0$ の場合、結果は $-1 = 1$ となる〔これは不条理なので、元の $\ln(-1) = 0$ が間違っている〕。ライプニッツは、$\ln(-1)$ が虚数になると信じており、天才レオンハルト・オイラーによる論証がライプニッツに軍配を上げ、また見かけの矛盾を解決することになった。1728年、ベルヌーイに宛てた手紙で、オイラーは、$\frac{1}{2}π = -\sqrt{-1}\ln\sqrt{-1}$ という式に至る論証を示し、1749年の論文（発表は1751年）、

「方程式の虚数解に関する研究」(*Mémoires de l'Académie de Science de Berlin* 5 (1749): 222-288) は、複素数は完備である〔次節を参照のこと〕ことを証明しようとして、一般式の特殊な場合として、$\sqrt{-1}^{\sqrt{-1}}$ を 0.207 879 576 350 7 と推定し、次のような見解を述べている。

> これが実数になり、実際の値は無限にいろいろあるとは、これほど特筆すべきことがあるだろうか。

複素数の対数には複数の値があるという性質こそが、ベルヌーイ=ライプニッツの難問を解く鍵だった。

前著の第 7 章では、18 世紀イギリスの有名な数学者オーガスタス・ド・モルガン（生まれはインド）と、その名をかたった「逆説家」に触れた。本章冒頭の引用からも、その逆説家が動いていたことがうかがえるかもしれないが、ド・モルガンは分別があり、その見解も、複素数研究に内在する微妙なところの面白い例として示した。

複素数（コンプレックス・ナンバー）とはたぶんうまくつけた名だが、微妙数（サトル・ナンバー）とでも言えばもっと良かったかもしれない。少なくとも、この言い方なら、恐怖心を起こすような難しさを思わせることは避けられ、この数の体系の「究極の」拡張部分に内在する美しさを示唆することになるだろう（ハミルトンの四元数、コンウェイの超現実数、カントールの超限数などの存在を考えると、「究極の」というのは暫定的なものにならざるをえない）。

「究極の」拡張

方程式を解くという根本的な必要から、自然数の体系 $\mathbb{N} = \{1, 2, 3, \cdots\}$ が、次々と、自然に拡張されることになった。

たとえば、$x + 2 = 5$ のような方程式は、係数がすべて $\mathbb{N}$ に属しており、何の困難もない。解は $x = 3$ で、3 は $\mathbb{N}$ に属する。$\mathbb{N}$ の中に存在する方程式で、その解も $\mathbb{N}$ の中にある。

そこで、次のような別体系を考えよう。それぞれが $\mathbb{N}$ の中ででき

る方程式だが、解を求めるには、拡張された数の体系へ移って行かなければならない。

・$x + 5 = 2$——これを解くには、$\mathbb{N}$ を拡張してすべての整数 $\mathbb{Z} = \{\cdots, -3, -2, -1, 0, 1, 2, 3, \cdots\}$、つまりドイツ語で数を表すツァーレンの集合にしなければならない。
・$5x = 2$ となると、解を求めるには、さらに拡張して $\mathbb{Q} = \{$ 分数 $\}$、つまり商(クォーシェント)にしなければならない。
・$x^2 = 2$ となると、実数(リアル) $\mathbb{R}$ に拡張して、$\pm\sqrt{2}$ などの無理数も含めなければならない。こうすると二つの解がとらえられる。

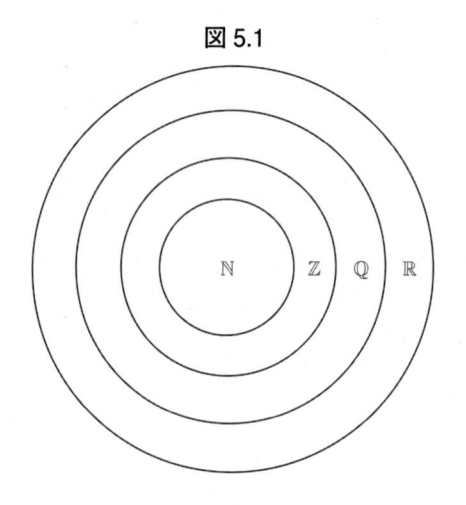

図 5.1

こうした拡張は図5.1に示した図式で表される。それぞれがだんだん、x 軸として思い浮かべられる数直線を埋めて行き、いったん $\mathbb{R}$ が厳密に定義されれば(決して単純な話ではないが)、数直線はそれでいっぱいになることが示せる。さらに多くの方程式を解くために必要な拡張を入れる余地はない。

では、$x^2 = -1$ という方程式はどうなるのか。
複素数(コンプレックス)の体系 $\mathbb{C}$ への拡張をめぐる、長く苦しい、数学的にも苦

労の多かった物語もあるが、それはここでの関心ではなく、単純に新しい数 $i = \sqrt{-1}$ を含めるだけで、もっと一般的な数 $x + iy$ がもたらされる。x と y は $\mathbb{R}$ に属する。図5.1を、外側にもう一つ円を加えて広げるのである。結局これは、多項式による方程式を解くのに必要な拡張としては最後のものだった。正確に言うと、係数が $\mathbb{C}$ の範囲にある n 次多項式はいずれも、$\mathbb{C}$ の中にすべての解をもつ。広く代数学の基本定理と呼ばれるほど重要な帰結であり、1799年、比類なきガウスが最初に証明した定理である。

初期の問題

数の体系がだんだん――自然数、整数、有理数、実数と――広がっても、あまり驚くようなことは出てこない。だからといって、こうした拡張を厳密に定義すること自体がたやすいということではなく、むしろ、新しい数も「きちんとした」ふるまいをするということだ。複素数 $\mathbb{C}$ への「最後の」拡張によって、美しさや便利さももたらせるし、直観に反することも生じる。ここでは初期の二つの問題を取り上げる。

まず、順番の概念が失われる。つまり、「どちらの数が大きいか」というもっともに見える問いは、もはや立てられない。どういうことかと言えば、$i \neq 0$ なので、$i > 0$ か、$i < 0$ かと問うことができる。$i > 0$ なら、この不等式の両辺に i を掛け、不等号の向きをそのまま、$i^2 > 0i$ とすることができる。すると $-1 > 0$ ということになる。そうでなければ、$i < 0$ とならざるをえず、今度は両辺に i を掛けると、不等号の向きを逆にして $i^2 > 0i$ としなければならず、またしても $-1 > 0$ となる。順番があると仮定したことで、どうしようもない矛盾がもたらされるので、仮定は捨てなければならない。

第二の難点を取り上げるには、算術の基本定理を考えなければならない。自然数はどれも素因数分解でき、その組合せは1通りだという定理である。たとえば504を考えると、これは $2^3 \times 3^2 \times 7$ という積に分解できて、他の素数の組合せは選べない。これは定理だということに注意しよう――つまり証明が必要だ。正確に言うと、これは

二つの定理からなる。
 (1) 自然数はいずれも素因数分解できる。
 (2) 素因数分解のしかたは 1 通りしかない（1 は素数と考えない〔1 でも 1^2 でも 1^3 でもできて、因数分解のしかたが無限に増えてしまうため〕）。
同じ内容の帰結が、エウクレイデスの『原論』第 7 巻に、三つの命題の組合せとして出てくる。

命題 30 二つの数を掛け合わせて何かの数ができ、その積が何かの素数で割り切れるなら、元の数のいずれかもその素数で割り切れる。

命題 31 合成数は何らかの素数で割り切れる。

命題 32 どんな数も素数であるか、素数で割り切れるか、いずれかである。

この結論の由来がどうあれ、それは重要なことで、しばしば当然とされる――しかしそれが正しいかどうかは、自然数と、それに関連する素数の集合の性質に、全面的に依存している。内容を変えることは簡単にできる。$n = 0, 1, 2, \cdots$ として、$3n + 1$ の形をした自然数の集合 $S = \{1, 4, 7, 10, \cdots\}$ を考えよう。この集合は掛け算について「閉じて」いる。つまり、この集合の二つの数の積も、この集合の数になる。4, 10, 25 のように、この集合に属する数では割りきれないため、この集合についての素数と考えるしかない数の集合もできる。ところが、$100 = 4 \times 25 = 10 \times 10$ となって、2 通りの素因数分解ができてしまう。

今度は、a と b を実数として、複素数 $a + b\sqrt{-5}$ の集合と、それに関連する、a と b が普通の整数として $a + b\sqrt{-5}$ となる整数（「代数的」と呼ばれるもの）の集合を考えよう。2, 3, $(1 + \sqrt{-5})$, $(1 - \sqrt{-5})$ などは（決して自明ではないが）どれもこの体系の中では素数となるが、

$$6 = 2 \times 3 = (1 + \sqrt{-5})(1 - \sqrt{-5})$$

となる。素数で1通りの因数分解ができるというのは、もはや成り立たない。

　素数をしかるべき位置に置いて、頭ではそこにやっかいなことがうごめいていることを受け入れられるようになったので、これから電卓なら簡単にできるはずの計算を考えよう。

電卓のジレンマ

　電卓はどんどん精巧になり、正確な答えをいくらでも得られ、複雑という意味でも複素という意味でもコンプレックスな式を扱える装置が安く買えるようになっている。このような精巧な電卓なら、$(-1)^{2/3}$ とか $(-1)^{3/2}$ のような数を扱うのに何の造作もないはずだが、そんな電卓でも、整った話は出てこないかもしれない――本書を書いている時点では、ただ「エラー」とだけ表示する電卓はいくらも出回っている。

　ごくあたりまえの指数法則を使えば、次のような計算はたやすくできる。

$$(-1)^{2/3} = ((-1)^{1/3})^2 = (-1)^2 = 1$$

や、

$$(-1)^{3/2} = ((-1)^3)^{1/2} = (-1)^{1/2} = i$$

もちろん最初の式は、指数の分け方を変えて、次のようにも計算できる。

$$(-1)^{2/3} = ((-1)^2)^{1/3} = (1)^{1/3} = 1$$

$(-1)^{2/3}$ という式は、確かに 1 を値とするらしい。ところが第 2 の式の方に同じことをした結果を見ると、こうなる。

$$(-1)^{3/2} = ((-1)^{1/2})^3 = (i)^3 = -i$$

ある意味で、この第 2 の現象には、説明らしいものをつけることはできる。たしかに $i = \sqrt{-1}$ だが、-1 には二つの平方根 $\pm i$ をもつ。式をある形で解釈すると、平方根の一方を選び、別の解釈法を選ぶと、別の平方根になるらしい。しかしなぜだろう。$(-1)^{2/3}$ の計算が、複素数とどう関係するのだろう。

a^b とは何か

たとえば 3^4 を求めたければ、$3 \times 3 \times 3 \times 3$ と書いて、この式の値は 81 と計算する（電卓を使わなくても）。273^{14} くらいになると電卓の助けを借りることになるだろうが、その助けは有効で、それで 13 回もの長たらしい掛け算を行なうという手間は省けることに意外なことは何もない。しかし、たとえば $2^{\sqrt{2}}$ はどうだろう。2 を $\sqrt{2}$ 回書き並べるというわけにい行かないので、電卓に手を伸ばしてボタンを押すと、あら不思議、電卓の精度の範囲で答えに達することができるらしい。2.665 144 142 690 225 188 650 297 249 87 . . .

実はこの数にも有名な歴史と名前があって、この数が重要であることはわかる。ゲルフォント＝シュナイダー定数と言い、その性質はダーフィト・ヒルベルトが 1900 年に挙げた有名な未解決問題の 7 番の内容だった。アレクサンドル・ゲルフォントとテオドール・シュナイダーがそれぞれ独自に

　$\alpha\ (\neq 0, 1)$ と β が代数的数で、β が実数の有理数でないなら、α^{β} は超越数である

ことを証明するには1934年までかかった。電卓は最善のことをしているが、式の本当の値の近似値しか出せない定めだ。

もちろん $2^{\sqrt{2}}$ はぶかっこうな冪乗の一例にすぎない。他にも難しい式の値をいくらでも考えることができる。$3.827^{4.916}$ といった面白みのないものから、それよりずっと面白そうな e^π や π^e でもいい。実際、π^e はまだ解決されていない問題だが、ゲルフォント＝シュナイダーの定理は、e は超越数でも、e^π は超越数であることははっきりさせる——なぜそうなるかはこれから見る。

実は、あらゆる冪乗の式は、単純だろうと複雑だろうと、$a^b = e^{b \ln a}$ という恒等式を使って、同じ扱い方で計算される。指数関数も対数関数も、ごくあたりまえのテイラー級数に基づく数値計算法を使って求められる。3^4 の類を計算するには少々大仰な扱いと思われるかもしれないが、それがあればこそ、普通の電卓でも $2^{\sqrt{2}}$ のような手強い相手を扱えるようになる。それでは扱えないのが $(-1)^{2/3}$ や $(-1)^{3/2}$ で、できない理由は、$(-1)^{2/3} = e^{(2/3) \ln (-1)}$ や、$(-1)^{3/2} = e^{(3/2) \ln (-1)}$ と書き換えると明らかになる。ここで遭遇しているのは、18世紀の先覚者たちが遭遇していたのと同じジレンマだ。$\ln (-1)$ に値を賦与しようという問題である。ド・モルガンの一言を思い出そう。「負の量には対数がない」

電卓問題の解決

複素数をごく普通に直交座標や極座標で表すと、$z = x + iy = r \cos \theta + ir \sin \theta = r(\cos \theta + i \sin \theta) = re^{i\theta}$ と書ける。$w = \ln z$ に意味を与えられるとすれば、$e^w = z$ とならなければならず、w を直交座標で表し、z を極座標で表すことにすれば、$e^{u+iv} = re^{i\theta}$ となり、したがって $e^u e^{iv} = re^{i\theta}$ となり、それはつまり、$e^u = r$ であり、$v = \theta$ ということだ。そこから結局、$u = \ln r = \ln |z|$ かつ、$v = \theta = \arg z$ であり、$\ln z = \ln |z| + i \arg z$ となることがわかる。明らかに、$z = -1$ は $|-1| = 1$ かつ $\arg (-1) = \pi$ の複素数であり、以上のことを使えば、

$$\ln(-1) = \ln|-1| + i\arg(-1) = 0 + i\pi = i\pi$$

となる。これはつまり、

$$\begin{aligned}(-1)^{2/3} &= e^{(2/3)\ln(-1)} = e^{(2/3)(\ln|-1|+i\arg(-1))} \\ &= e^{(2/3)(0+i\pi)} = e^{(2/3)i\pi} \\ &= \cos(\tfrac{2}{3}\pi) + i\sin(\tfrac{2}{3}\pi) \\ &= -\tfrac{1}{2} + i\tfrac{\sqrt{3}}{2}\end{aligned}$$

ということだ。すごいが、そうなるはずの 1 ではない。

折り合いをつける一つの方法は、等式 $z = (-1)^{2/3}$ と、それと同値の式、$z^3 = (-1)^2 = 1$ とを見ることだ。$(-1)^{2/3}$ の値はと問うとき、求めているのは 1 の立方根で、ガウスによる代数の基本定理は、これにはちょうど三つの解があることを教えている。方程式の 3 次式を因数分解すると

$$z^3 - 1 = (z-1)(z^2 + z + 1) = 0$$

となり、この方程式からは、待望の $z = 1$ とともに、

$$z = \frac{-1 \pm \sqrt{1-4}}{2} = \frac{-1 \pm \sqrt{-3}}{2} = \frac{-1 \pm i\sqrt{3}}{2}$$

も出てくる。次のような（もっと役に立つ）扱い方もある。複素数の極座標形式には値がいくつもある。たとえば、$1 = e^{2\pi i} = e^{4\pi i} = e^{6\pi i} = \ldots$ というように。どの場合も絶対値は 1 で、偏角は 2π の整数倍となる。先の例では、複素数 -1 を相手にしており、これは極座標形式なら、$-1 = e^{i\pi} = e^{3i\pi} = e^{5i\pi} = \ldots$ であり、一般的な場合をとれば、任意の整数 $k = 0, 1, 2, \ldots$ について、次のようになる。

$$(-1)^{2/3} = e^{(2/3)\ln(-1)} = e^{(2/3)(\ln|-1|+i\arg(-1))} = e^{(2/3)(0+i(2k+1)\pi)}$$

可能性を数え上げると、

$$(-1)^{2/3} = e^{(2/3)(0+i(2k+1)\pi)}$$
$$= \begin{cases} e^{(2/3)i\pi} = \cos(\frac{2}{3}\pi) + i\sin(\frac{2}{3}\pi) \\ \quad = -\frac{1}{2} + i\frac{\sqrt{3}}{2}, & k=0, \\ e^{(6/3)i\pi} = e^{2i\pi} \\ \quad = \cos(2\pi) + i\sin(2\pi) = 1, & k=1, \\ e^{(10/3)i\pi} = \cos(\frac{10}{3}\pi) + i\sin(\frac{10}{3}\pi) \\ \quad = -\frac{1}{2} - i\frac{\sqrt{3}}{2}, & k=2 \end{cases}$$

となって、自然な値が第 2 行に現れ、他の二つが両側に出ている。もちろん、arg (–1) の選択肢の数は無限にあるが、次の $k = 4$ の値になると、

$$(-1)^{2/3} = e^{14i\pi/3} = e^{12i\pi/3} \times e^{2i\pi/3} = 1 \times e^{2i\pi/3}$$

が繰り返されるようになるので、基本定理が支配する。

特筆すべき結果

冪乗の計算を論じて異常なところは解決がついたので、i^i の意味に移ろう。

$|i| = 1$ であり、arg (i) の値は基本的に $\frac{1}{2}\pi$ なので、

$$i^i = e^{i\ln i} = e^{i(\ln 1 + i\pi/2)} = e^{-\pi/2}$$

となって、注目すべき結果、$i^i = \sqrt{-1}^{\sqrt{-1}} = e^{-\pi/2}$ が得られる。

これだけ言ったのでは、まだ話は終わらない。arg (i) = ($\frac{1}{2}\pi$ +

$2k\pi$) だからだ。

式の完全な形は、すべての $k = 0, 1, 2, ...$ について、

$$i^i = e^{i \ln i} = e^{i(\ln 1 + i(\pi/2 + 2k\pi))} = e^{-(\pi/2 + 2k\pi)}$$

となる。謎の $\sqrt{-1}^{\sqrt{-1}}$ には無限個の値があり、それぞれが実数で、それぞれに、どこにでも顔を出す e と π を含んでいる。

もう読者は、もしかしたら、次のようなやっかいな論証にもつきあえるかもしれない。

$$-1 = -1, \quad \sqrt{-1} = \sqrt{-1}, \quad \sqrt{\frac{-1}{1}} = \sqrt{\frac{1}{-1}},$$
$$\frac{\sqrt{-1}}{\sqrt{1}} = \frac{\sqrt{1}}{\sqrt{-1}}, \quad (\sqrt{-1})^2 = (\sqrt{1})^2, \quad -1 = 1$$

本書の冒頭に挙げたド・モルガンの引用を取り上げてしめくくりとすべきだろう。ド・モルガンの言葉は、次の式に移し替えられる。

$$\frac{\ln(-1)}{\sqrt{-1}} = \frac{\ln|-1| + i \arg(-1)}{i} = \frac{i\pi}{i} = \pi = \frac{2\pi r}{2r} = \frac{C}{D}$$

少なくとも主たる値としては。

第6章

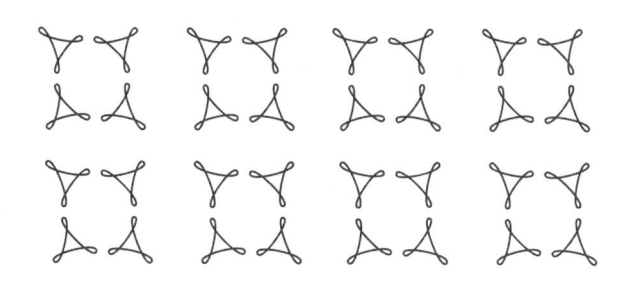

いちかばちか

正しい問題を間違って解く方が、間違った問題を正しく解くよりはましだ。
――リチャード・ハミング

本章では、二つの問題を検討する。どちらも、人々の目が向けられたとき、大規模な衝撃と不信をもたらした。最初のものは学界から出たもので、第二のものはアメリカの人気テレビ番組が元になっている。

三つの帽子問題

すでに、みんなが赤か青の帽子をかぶっているが、自分がかぶっている帽子の色を知らないという話は取り上げた。1章には、ひらめきを待って時計が鳴るのを聞く人々がいた。ここではもっと能動的な役割を与えよう。自分の帽子の色を推理するが、そのときの条件は次のようにする。

- 参加者はチームとして行動する。勝負はチームのもので、個人のものではない。
- 帽子が頭に載せられると、チームのメンバーどうしでのやりとり

はしてはならない。
- 全員が同時に答えなければならない。
- 各人は色を当てないでパスすることもできる。
- 少なくとも一人が色を当て、はずれの推測がない場合に勝ちとなる。それ以外、または全員がパスした場合、負けとなる。

帽子が載せられる前に、チームで方針を話し合っておくことは認められている。問題は、どういう方針で臨めば勝てる可能性を最大にするかということだ。

方針

まず、チームA、B、Cに3人ずついるという元の形で問題を見ておこう。

方針1 各人は赤か青を無作為に選ぶ。三つの帽子の色の並び方は8通りあり、メンバー各人が正しく当てる確率は、$\frac{1}{8} = 0.125$ となる〔各人が当てる確率が $\frac{1}{2}$ なので、三人とも当たる確率は、$(\frac{1}{2})^3$〕。

方針2 パスする可能性を含め、赤、青、パスの三つの可能性のうちから一つを無作為に選ぶ。この場合、計算は少し微妙になり、全部で 3^3 通りの場合を、パスする人が3人の場合、2人の場合、1人の場合、0の場合に分けるのがいいだろう。三つの帽子の色の並び方は、もちろん

赤赤赤、赤赤青、赤青赤、赤青青、青赤赤、青赤青、青青赤、青青青

である。全員がパスしてPPPとなると、チームは負けとなる。

2人がパスした場合の可能性は6通りで、残りの1人の答えは赤か青かのいずれかである。どの場合にも、その残りの参加者が当てる可能性は4通りある。たとえば、PP赤は、3人の組合せが赤赤赤、赤青赤、青赤赤、青青赤のとき、勝ちとなる。

パスが1人の場合、残りの2人の赤か青の帽子の並び方は12通りある。どの場合にも、パスしない2人がともに正しく推理する場合が2通りある。たとえば、P赤赤という答えは、3人の組合せが赤赤赤または青赤赤のときに勝ちとなる。

パスがいないときは、方針1と同じことになる〔当たる確率は$\frac{1}{8}$〕。

すべての場合をまとめると、このチームが勝つ確率は、

$$\frac{1}{27} \times 0 + \frac{1}{27} \times 6 \times \frac{4}{8} + \frac{1}{27} \times 12 \times \frac{2}{8} + \frac{1}{27} \times 8 \times \frac{1}{8} = \frac{7}{27} = 0.259$$

となる。

方針3 2人がパスし、もう1人が無作為に推測する。チームが勝つ確率は明らかに$\frac{1}{2} = 0.5$だ。

戦略が変えるにつれて事態は良くなり、一度だけ無作為にあてずっぽうをする水準まできたが、そこがまさかの展開となっている。他の人の帽子の色を見ても、何かの有益な情報が得られる可能性はないようで、したがって、無作為の運任せ以上に勝つ可能性を上げられるような方針をあらかじめ決めることはできそうにない。冒頭にハミングの言葉を引いたが、これではハミング符号〔誤り検出用の符号〕など、帽子の色についてはあまり出番がなさそうだ。

由緒と託宣

この問題は、カリフォルニア大学アーヴァイン校計算機学講師のトッド・エバート博士によるとされる。博士はこれを、1998年、カリフォルニア大学サンタバーバラ校で勉強していたとき、博士論文に入れた。エバートはこれを試験問題として復活させ、それを受けた学生の一人が、エバートが「7人の囚人問題」と呼ぶ7人版の問題を解いたことを明言している。そこからインターネットに広まり、『ニューヨーク・タイムズ』紙（2001年4月10日付）の科学欄に出て、世界全体に広まった。あちこちの大学の数学科や大企業が関心を示し、そ

の一つ、ルーセント・テクノロジー〔旧 AT&T〕社のベル研究所は、ピーター・ウィンクラー博士を基礎数学研究部門の長とした。ウィンクラー博士は、ニューオーリンズの学会で、エルウィン・バールカンプという、当時カリフォルニア大学バークレー校の数学および計算機学の教授だった人物と出会った。3人チームの場合に当たる確率を $\frac{3}{4}$ まで引き上げ、一般的な n 人問題なら $n/(n+1)$ までにすることが可能だという特筆すべき答えに至るコネができたのは、符号化理論におけるバールカンプの幅広い専門知識のおかげだった。

エルウィン・バールカンプが 30 分ほどで見つけた 3 人用の方針はどうなるだろう。チームの各人が次のようにすることになる。

1 同じ色の帽子が二つ見えれば、そうでない方の色と見る。
2 見えている色が違うなら、パスする。

表 6.1 に、各人用の方針の詳細を記し、ありうる 8 通りについて、結果を示した。個々人のあてずっぽうは、当たっているときが 6 通り、外れているときが 6 通りだが、チーム全体では 6 勝 2 敗で、勝ちの確率は $\frac{6}{8} = \frac{3}{4}$ となる。

表 6.1

A	B	C	A	B	C	結果
赤	赤	赤	青誤	青誤	青誤	負け
赤	赤	青	パス	パス	青正	勝ち
赤	青	赤	パス	青正	パス	勝ち
赤	青	青	赤正	パス	パス	勝ち
青	赤	赤	青正	パス	パス	勝ち
青	赤	青	パス	赤正	パス	勝ち
青	青	赤	パス	パス	赤正	勝ち
青	青	青	赤誤	赤誤	赤誤	負け

青誤は青と推定してはずれ、青正は青と推定して当たり、赤誤は赤と推定してはずれ、赤正は赤と推定して当たり。

正しいあて推量はまばらに分散していて（チームが勝ちになるには一人が当たればいいことをお忘れなく）、間違ったあて推量は集中していることに注目のこと。要するに、勝つ可能性を高めるには、チームは「一緒に当てる」ではなく「一緒にはずす」という、直観に反する方針を採用しなければならない。

　この3人用の方針は実行しやすいが、エルウィン・バールカンプはどのようにしてそんなに早くこの答えに達したのだろう。またトッド・エバートは、なぜ学生を7人版でテストしたのだろう。

七つの帽子問題

　帽子が三つの場合、この方針に意味があるのは、三つの組合せがどうであれ、必ず二つは同じ色があるからで、それを目にすることが、とるべき動作の手がかりとなる。帽子が七つの場合、少なくとも四つが同じ色になることは確実で、同等のきっかけを使って、次のように方針を調節できる。

1　同じ色の帽子が四つあれば、それとは逆の色と推定する。
2　そうでなければパス。

この方針がチームの勝ちの可能性にどう作用するかを見るために、四つの帽子の色が赤とすると、赤の帽子をかぶっている人はみなパスで、残り三人は青を選ぶことになる。したがって、チームは4人が赤で3人が青の場合のみ勝ちとなる。

　7人の中での四つの赤の帽子の分布のしかたは$\binom{7}{4}$通りで、これが青でもよかったことを計算に入れると、チームが勝つ確率、

$$\frac{2 \times \binom{7}{4}}{2^7} = \frac{35}{64} = 0.55$$

が得られる。これは、単独で無作為にあて推量する方針よりはいいが、

先に予告した

$$\frac{7}{7+1} = \frac{7}{8} = 0.875$$

ではない。ハミング符号が入ってくるのはここのところだ。

保護符号

符号(コード)と言えば、味方どうしで、間にいる敵に読まれない通信文を送りたいという欲求につながる。すぐに思いつくのは、戦争、政府機関、民間会社などだ。しかし別種の符号もある。こちらはこちらで不可欠だ。誤り保護符号(エラー)である。二進データの電子的伝送はエラーを免れず、当然、データを保護したいという欲求があり、その結果、その保護を提供するために多くの符号が考えられてきた。それには二つの形がある。エラー検出符号とエラー訂正符号である。検出符号は伝送エラーがあることを検出し、訂正符号は自動的それを訂正する。ここでは後者のタイプに目を向ける。

エラー訂正にもいろいろあるが、その一つの鍵は、冗長性を作ることと、受け取ったときに壊れているベクトル〔数の列〕を、それに最も近い符号語(コードワード)〔意味のある符号列〕とする「最近接復号(ニアレスト・ネイバー・デコーディング)」という手法を使うことだ。よくわかる例が、二進反復符号である。0と1を1桁ずつ送りたいなら、0は0、1は1として送ってもよいが、これでは改変にはまったく対応できない。そこで、すべて3桁の二進数を考えることができる。

(000 001 010 100 : 111 110 101 011)

で、そのうち二つ（000 111）が、それぞれ0と1を表す符号語である。つまり、0を送りたければ、実際には000を送り、1を送りたければ111を送る。伝送のときにエラーが一度起きても、受け取った

ベクトルが不正であることがわかり、二つある符号語のうち、近い方を使って置き換えることができる。つまり、コロンの左側のものは 0 とし、右側のものは 1 とするのだ〔それぞれの三つ組は同類語(サテライト・ワード)という〕。こうすると、送るデータ量は多くなるが、誤り保護という恩恵を受けられる。改善の度合いを判断すると、ある 1 桁が壊れる（つまり 1 が 0 に化けたり 0 が 1 に化けたりする）一定の（小さい）確率を p とすると、誤りがなかったり誤りが一つだけのときは、通信文を正しく復号することになる。その確率は、

$$P = (1-p)^3 + 3p(1-p)^2 = (1-p)^2(1+2p)$$

となる。これを、1 桁ずつの伝送の場合の $P = 1-p$ と比べるとよい。図 6.1 には、この二つの確率関数のグラフを示す。これは改善があることを示している（p は小さいと考えているので）。この方法が機能するには、受け取る可能性のあるベクトルの 8 通りの集合が、四つずつ二つの部分集合に分かれるところが決め手だ。四つのうち一つが符号語を表し、残りの三つは最近接の同類語となる。これはあらゆる奇数の繰り返しに起きることで、偶数の場合はないことがわかるし（01 や 0011 だとどちらが近いかわからない）、二進反復は求める保護となる——ただしあまり効果的ではない。

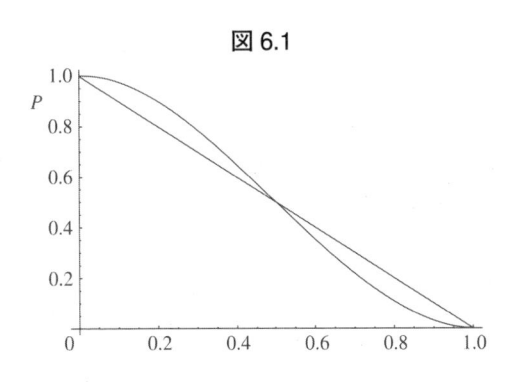

図 6.1

第2次大戦が終わると、リチャード・ハミングはマンハッタン計画からベル電話研究所に移り、そこでクロード・シャノンやジョン・テューキーと研究し、その共同研究から、情報理論という広大で枢要な分野が生まれた。ハミングは自分が使わなければならなかった昔のIBMコンピュータのデータの整合性を懸念していて、プログラムやデータを保護するために、ハミング符号と呼ばれるようになったものを考えた（これは今でも、コンピュータのRAMに無作為に起きるエラーについても良い選択肢である）。

　$H(n, d)$ 符号は、長さ n の2進数ベクトルを使い、それを長さ d のデータを表す符号とする。これはつまり、2^d 種類の符号語を、$2^n - 2^d$ 個のベクトルで保護するということだ。先の二進反復符号は、実は $H(3,1)$ 符号ということになるが、今の関心に合うのは $H(7, 4)$ 符号で、その一つの形では、符号語はこうなる。

$$\begin{pmatrix} 0000000 & 0001011 & 0010111 & 0011100 \\ 0100101 & 0101110 & 0101110 & 0111001 \\ 1000110 & 1001101 & 1010001 & 1011010 \\ 1011010 & 1101000 & 1110100 & 1111111 \end{pmatrix}$$

すべてのベクトルが互いに三つずつ違っていて、したがって、三つまでの誤りを検出し、誤りが一つだけなら訂正できる。それがここで必要なことだ。$2^7 = 128$ 通りのありうるベクトルは、八つずつ16の区分に分けられる。正しい符号語と、それと一桁だけ異なる七つの同類ベクトルとである。たとえば、左上の0000000という符号語からは、

$$\begin{pmatrix} 0000000 & 0000001 & 0000010 & 0000100 \\ 0001000 & 0010000 & 0100000 & 1000000 \end{pmatrix}$$

ができる。

ハミングと帽子

　帽子をかぶるのが n 人で、赤い帽子を 0、青い帽子を 1 と符号化すると、帽子の並び方はどれでも長さ n のベクトルと考えることができる。この長さのハミング符号を考えるとすると、帽子の並びは符号語か同類語として表してもよく、そのことが使える方針を明らかにする。

　元の帽子三つの問題と上記の $H(3, 1)$ 符号を考えると、次のように移し替えることができる。

1　同じ色の帽子が二つ見えれば、逆の色と推定する。
2　見えている二つの帽子の色が違うならパス。

という方針が、

1　符号語かもしれないベクトルが見えれば、自分の数字は符号語にならないように選ぶ。
2　そうでなければパス。

選ばれたベクトルが符号語、たとえば 000（つまり帽子はすべて赤）だった場合、3 人の参加者はそれぞれその可能性を見て、その符号語を避けるような選択をし、青（つまり 1）と言う。3 人とも 1 か所を間違えることになる〔この場合は負け〕。実際の並びが符号語ではなかったら、一人だけが符号語かもしれないと考えることができ、しかるべき最近接のものを選んで正解し、他の 2 人はパスする。チームは勝つ。

　トッド・エバートの学生は、良い成績をとろうと思えば、$H(7, 4)$ 符号とまったく同じ移し替えを考えなければならなかっただろう。

方針
1　符号語かもしれないベクトルが見えれば、自分の桁は符号語に

はならないように選ぶ。
2 そうでなければパス。

先とまったく同じ推理によって、並びが符号語だったら全員が間違い、そうでなければ一人を除いてパスをし、その一人が符号語を避けて、それに最近接の正しい数字を選ぶ。これは、チームが勝つ確率が

$$\frac{2^7 - 2^4}{2^7} = \frac{7}{8}$$

となるということだ。最後に残った問題。どうして7人だったのか。この進め方が成立するには、ベクトルをこれまで分割したように分割する必要がある。与えられた帽子の数（符号単語の長さ）nについて、0だけから1だけに至る2^n通りのベクトルは、いくつかの集団(クラスター)に分かれる必要があり、どのクラスターも、中心となる一つの符号語と、それとは一つだけ違うn個のベクトルから成る。したがってクラスターはそれぞれ$n + 1$個のベクトルから成り、したがって$n + 1$が2^nの因数でなければならず、したがってそれ自体が2の冪乗でなければならない。それを2^mとすると、$n + 1 = 2^m$で、$n = 2^m - 1$である。符号語の数がCなら、$(n + 1) C = 2^n$となり、したがって$2^m C = 2^n$であり、$C = 2^{n-m}$となる。

$m = 2$のときには、当初の帽子三つの問題が得られ、$m = 3$のときは、先の発展問題となる（もちろん、他のnの値について、この方法を調節することもできる）。一般に、帽子をかぶるのがn人なら、$H(n, n-m)$を考えなければならず、このときには符号語は2^{n-m}個、ベクトルが2^n個でき、チームが勝つ確率は、

$$\frac{2^n - 2^{n-m}}{2^n} = 1 - \frac{1}{2^m} = \frac{2^m - 1}{2^m} = \frac{n}{n+1}$$

となる。興味深い問題を解くために、応用数学の中の広大でとてつも

なく重要なある領域の表面に触れることになったが、関連する定義や結果はわざと避けておいた。ここではハミング符号を必要としたし、いろいろな、しばしば隠れた目的で、他の符号も必要となる。以下、三つの例だけを挙げる。リード＝マラー符号は、1972年、マリナー9号が火星から写真を送ってくるときに使われた。これは符号語が64あり、それぞれの長さは32桁、すべて互いに16個ずつ離れている。これは七つまでの誤りを訂正できる。クロスインターリーヴド・リード＝ソロモン〔CIRS〕符号は、CDの情報を保護するために用いられている。これは4,000個続いた誤りを訂正できる。これは長さ2.5ミリの傷がついた場合に相当する。さらに、知らない人も多い10桁のISBNコードは、本のコードナンバーに1個の誤り、あるいは1回の入れ替わりがあれば検出できる。

　さて、今度は、確率が「そうなるはず」の確率とは違う、次の例に移ろう。

変えなくていいですか？

　2章で『パレード・マガジン』誌の「マリリンに聞いてみよう」欄に触れた。1990年9月9日号では、『一山当てましょう』という、モンティ・ホールが長年司会を務めるテレビ番組が元になった質問に答えている。マリリンの答えは、読者から1万通近くの反響を呼び、ほとんどはマリリンの答えに納得できないというものだった。数学者や科学者からの答えもいくつかあり、アメリカの数学の技能が欠けていることに対する反感や失望が述べられていた。1991年、『ニューヨーク・タイムズ』紙は、日曜版の一面に大きな扱いで記事を出した。そこではこう明言されていた。

マリリンの答えはCIAの通路やペルシア湾の戦闘機乗りがいる兵舎で議論された。MITの数学者や、ニューメキシコ州のロスアラモス国立研究所のコンピュータ・プログラマも分析した。中学校から大学院までのいろいろな段階の、全国で千校以上の学校の授業で

試されている。

もっと最近では、CBSの連続ドラマ『ナンバーズ』が、2005年5月13日放送の「脱走犯の追跡」という回でこの問題を取り上げたし、『フィナンシャル・タイムズ』紙は、2005年8月16日、この問題に関してジョン・ケイが書いた記事を掲載した。その結果、同紙の8月18日号と22日号の「論説と手紙」面で、何通かの手紙を掲載することになり、8月23日と31日、2本の後追いの記事が出て（「それでオッズがわかると思うことになる」、「モンティ・ホール問題──総括」）、「多数の手紙」が寄せられたことに感謝している。問題の重みをわかりやすくしようと、ケイは、かのポール・エルデシュが亡くなったときにこの問題を考えていたことを記している。

　このよくわからない事態全体は、当然のことながら、モンティ・ホールの名が結びつくようになっていて、今ではふつう、「モンティ・ホール問題」と呼ばれている。その内容はこうだ。

クイズ番組に出ていて、三つのドアから選ぶことになったとしよう。どれか一つを開くと車があり、残りの二つには山羊がいることは知らされている。どれか一つを選ぶことができ、ドアの向こうにあるものは変わらない。さて、1番のドアを選んだとしよう。しかしまだ開けられない。司会者は、三つのドアすべての裏に何があるかを知っていて、山羊がいることがわかっている2番のドアを開く。そこで司会者は言う。「選んだドアを3番に変えますか？ それとも最初に選んだままにしますか」

そこで問題。選択を変える、変えないは意味があるか。マリリンは、変えるべきだ答えた。
　もちろん、参加者は少なくとも一つのドアの裏には山羊がいることを知っているので、山羊が出てきたということで新たなことがわかったわけではない。変えようと変えまいと、状況に変化はない。多くの人々がそう考える。

実は、この問題は昔からあった。

興味深いパズルの多くをマーティン・ガードナーは『サイエンティフィック・アメリカン』誌のパズル欄で論じているが、この問題の一変種（3人の囚人問題）もそうで（1959年）、後には1961年に出た『新しい数学ゲーム・パズル』〔金沢養訳、白楊社〕でも論じている。1982年の『Aha! Gotcha』〔竹内郁雄訳、日経サイエンス社〕では、次のような「三つのさやゲーム」という形のものを述べている。

司会——さあ、お進みください。さて、どのさやの中に豆があるか当てられるでしょうか。当たりなら賞金は2倍です。

勝負について少し考えて、マーク氏は勝てるのは3回に1回しかないと判断した。

司会者——ちょっと待ってください。ちょっと一息入れましょう。どれか選んでください。私ははずれのさやを開けます。すると豆は残りの二つのうちどちらかにあることになりますね。つまり、勝てる可能性が増えるわけです。

かわいそうなマーク氏はあっさり賞金をなくした。はずれのさやを開けても、確率は変わらないことに気づかなかったのだ。なぜ変わらないか、わかるだろうか。

参加者は選択を変える機会を与えられていないので、モンティ・ホール問題とまったく同じではないが、ガードナーが論じるように、新たな情報が提供されても意味はない。選択を変える機会が与えられたらどうなるかを見て、ガードナーの言う「驚くほどわかりにくい小問」を分析してみよう。

閉じたドアの向こう

本質的に条件付き確率に依拠する問題については多くの分析がなされているが、まず単純に、表6.2にあるように、可能性の一覧を作ってみよう。三つのドアにA、B、Cと名前をつけておいた。下から二つめの行は、参加者が選択を変えなければ、勝つ確率は $\frac{3}{9} = \frac{1}{3}$ であることを示しているが、変えたときの勝つ確率は、最下段の行から、$\frac{6}{9} = \frac{2}{3}$ となる。

表6.2

最初に選んだドア	A	A	A	B	B	B	C	C	C
車のあるところ	A	B	C	A	B	C	A	B	C
モンティが開けることができるドア	B,C	C	B	C	A,C	A	B	A	A,B
選択を変えない参加者	勝ち	負け	負け	負け	勝ち	負け	負け	負け	勝ち
選択を変える参加者	負け	勝ち	勝ち	勝ち	負け	勝ち	勝ち	勝ち	負け

モンティが車のあるところを知っている点が決め手になる。知らなかったら、車があるドアを開けてしまうこともありうるし、そうなるとゲームが無意味になり、上記の表が変わってしまう。すると参加者が変えるかどうかはどうでもよくなることは、すぐにわかる。

読者が形式主義者なら、ひょっとすると、18世紀の長老派の司祭、トマス・ベイズによる結果に訴えた方が満足してもらえるかもしれない。ベイズの「逆確率」の問題に対する答えは、1763年の「偶然の教説における問題の解決に向けての試論」に出てくる。これはベイズが亡くなった後、『ロンドン・ロイヤルソサエティ哲学報』誌に発表された。ベイズの定理が初めて世間に登場し、条件付き結果の逆転が数学文献に入ってきたのもこの論文でのことだった。当時は、白と黒の玉が入っている壺の、白黒それぞれの個数がわかっている場合、白を引く確率は白／（白＋黒）となることはよく知られていた。逆問題は白と黒の分布がわからないとき、一つあるいは複数の玉を引いて、その色がわかったことで白と黒の分布について何が言えるかを問うも

ので、これは話がまったく別だった。

二つの事象 X と Y についての条件付き確率 $P(X \mid Y)$（Y があったとしたときの X の確率）は、$P(X \cap Y) = P(X \mid Y) P(Y)$（$X$ かつ Y の確率は、Y が起きたとしたときの確率 × Y が起きる確率）という式で定義され、ベイズが得た結果の最も単純なもの（必要なのはそれだけ）は、二つの事象 X と Y が起きたとすれば、

$$P(Y \mid X) = \frac{P(X \mid Y) P(Y)}{P(X)}$$

である。分母の確率を展開すると役に立つことが多い。この場合は、三つの互いに排他的な事象、R、S、T を使って定義される三つの部分に分ける。

$$\begin{aligned}P(X) &= P(X \cap R) + P(X \cap S) + P(X \cap T) \\ &= P(X \mid R)P(R) + P(X \mid S)P(S) + P(X \mid T)P(T)\end{aligned}$$

モンティ・ホール問題の場合、次のような出来事を定めることができる。

A ——「ドア A の向こうに車がある」という事象
B ——「ドア B の向こうに車がある」という事象
C ——「ドア C の向こうに車がある」という事象
M_A ——「モンティがドア A を開く」という事象など

参加者が最初に A を選んだとしたら、モンティは B か C を開ける選択肢があり、

$$P(M_B \mid A) = \tfrac{1}{2}, \quad P(M_B \mid B) = 0, \quad P(M_B \mid C) = 1$$

が得られる。つまり、

$$P(M_B) = P(M_B \mid A)P(A) + P(M_B \mid B)P(B) + P(M_B \mid C)P(C)$$
$$= \tfrac{1}{2} \times \tfrac{1}{3} + 0 \times \tfrac{1}{3} + 1 \times \tfrac{1}{3} = \tfrac{1}{2}$$

となる。今度は参加者が選択を変えないか変えるか、いずれかができる。ドア A のままなら、車が手に入る確率は、

$$P(A \mid M_B) = \frac{P(M_B \mid A)P(A)}{P(M_B)} = \frac{\tfrac{1}{2} \times \tfrac{1}{3}}{\tfrac{1}{2}} = \tfrac{1}{3}$$

であり、ドア C に変えた場合には、確率は

$$P(C \mid M_B) = \frac{P(M_B \mid C)P(C)}{P(M_B)} = \frac{1 \times \tfrac{1}{3}}{\tfrac{1}{2}} = \tfrac{2}{3}$$

となる。この主題に基づく変奏は多く、自然な拡張をいくつか見よう。ジョン・P・ジョージとティモシー・V・クレーンによる、『クゥンタム・マガジン』誌 1995 年 3 月／4 月号に掲載された「モンティのジレンマの一般化」という記事から抜粋したものである（*Quantum Magazine* 5(4): 16-21）。

車が一台に山羊多数

参加者にはあまりうれしくないが、ドアが n 枚あり、その一つの向こうに車があり、$n-1$ 枚の向こうに山羊がいることを考えてみよう。

参加者が元の選択を変えなかったら、車が手に入る確率は $1/n$ となる。今度はモンティが山羊のいるドアを開けたとする。今度は $n-2$ 枚のドアが開かれないで残っており、参加者がドアを変えることで勝つ確率を計算するには、こんな式の値を計算しなければならない。

(第 1 のドアの向こうに山羊がいる確率)×(第 1 のドアの向こうに山

羊がいたという前提で第 2 のドアの向こうに車がある確率)

$$= \frac{n-1}{n} \times \frac{1}{n-2} = \frac{n-1}{n-2} \times \frac{1}{n} > \frac{1}{n}$$

となる。$(n-1)/(n-2) > 1$ だからだ。変える方が変えないよりも良いというわけで、$n = 3$ とすれば、先の値が出てくる。

車がたくさん、山羊もたくさん

今度は、n 枚のドアがあって、c 台 ($c \geq 1$) の車と、$n - c$ 頭の山羊がいるとする。参加者は c がいくつかは知らず、モンティは、すべてを明かすことはないが、車を見せることも山羊を見せることもありうる。

モンティが山羊を見せたとすると、$1 \leq c \leq n - 2$ となり、一方、車を見せたら、$2 \leq c \leq n - 1$ となることに注目しよう。いずれにせよ、選択を変えないで車を手に入れる確率は、c/n である。

今度はモンティが山羊を見せたとする。参加者が選択を変えることで勝つなら、最初に山羊が選ばれ、次に車が選ばれた場合か、最初も次も車が選ばれていた場合である。

そういう事象が生じる確率は

$$\frac{n-c}{n} \times \frac{c}{n-2} \quad \text{と} \quad \frac{c}{n} \times \frac{c-1}{n-2}$$

で、これを合わせると全体の確率が得られる。

$$\frac{n-c}{n} \times \frac{c}{n-2} + \frac{c}{n} \times \frac{c-1}{n-2} = \frac{c}{n(n-2)}(n-c+c-1)$$
$$= \frac{(n-1)}{(n-2)} \frac{c}{n} > \frac{c}{n}$$

いちかばちか　81

今度はモンティが車を見せたとしよう。参加者が選択を変えることで勝つなら、最初に選んだのが山羊で、次に選んだのが車か、最初も次も車のいずれかの場合だ。

そういう事象が起きる確率は、それぞれについては、

$$\frac{n-c}{n} \times \frac{c-1}{n-2} \quad と \quad \frac{c}{n} \times \frac{c-2}{n-2}$$

で、両方を合わせた確率は

$$\frac{n-c}{n} \times \frac{c-1}{n-2} + \frac{c}{n} \times \frac{c-2}{n-2} = \frac{c-1}{n} \times \frac{n-c}{n-2} + \frac{c}{n} \times \frac{c-2}{n-2}$$
$$< \frac{c}{n} \times \frac{n-c}{n-2} + \frac{c}{n} \times \frac{c-2}{n-2} = \frac{c}{n} \left(\frac{n-c}{n-2} + \frac{c-2}{n-2} \right)$$
$$= \frac{c}{n}$$

つまり、モンティが山羊を見せたら、参加者は選択を変えるべきだが、車を見せたら最初の選択を変えない方がいいということになる。

最後に、独自の面白みがある変種を検討しよう。

多段階モンティ・ホール・ジレンマ

元のクイズ番組ではドアは三つあり、参加者はそこから一つ選ぶ。番組のルールにより、参加者が判断する機会は2回ある。最初に選ぶときと、後でその選択を変えるか変えないかの判断をするときだ。そこで、ドアが四つあり、車があるのは一つだけであり、ゲームの仕組みは次のようになるとしよう。

モンティ・ホールはこう言う。

ドアを一つ選びましたね。これから私が山羊のいるドアを一つ開きます。そうしたら、最初の選択を変えないか、残りの一つに変えるかを決めていただきます。そうしたら、また私が山羊のいるドアを開きます。最後にもう一度だけ、選択を変えないか、残った一つに変えるかを選べます。

今度の参加者は3回の判断機会がある。最初に選び、一度変えるか変えないかを決め、さらにもう一度変える変えないを決める。
　一例を考えると、次のようなことがありうる。

最初の選択——参加者はドアAを選び、モンティはB、C、Dのいずれかが開けられる。モンティはBを開け、参加者はA、C、Dのいずれかが選べる。

一度目の変える変えない判断（変える方を選ぶ）——参加者はCを選び、モンティはAとDから選べる。モンティはDを開け、参加者にはAかCが選べる。

次の変える変えない判断（変えない方を選ぶ）——参加者はCのドアを選ぶ。この場合の参加者は、まず変えて、次に変えないの選択をしたことになる。

ノースダコタ大学統計学科のM・バースカラ・ラオは、この状況を分析し（"On a game-show problem of Marilyn Vos Savant and its extensions", 1992, *American Statistician* 46: 241-242）、もっと一般的に、n枚のドアと$n-1$回の判断機会についても考えた。表6.3が、先のドアが4枚の場合の分析結果をまとめたものだ。

表 6.3

第 1 段階	第 2 段階	第 3 段階	車が取れる確率
選ぶ	変えない	変えない	0.250
選ぶ	変える	変えない	0.375
選ぶ	変えない	変える	0.750
選ぶ	変える	変える	0.625

　基本的なモンティ・ホール・ジレンマでは、変えるというのが最適解だというのを認めれば、第2段階でも第3段階でも変えるを選ぶのが最善と考えるのは簡単だろう。ところが、表6.3が示すように、3段階モンティ・ホール・ジレンマに対しては、第2段階では変えず、第3段階では変えるというのが、直観に反するが正解となる。一般に、多段階モンティ・ホール・ジレンマでは、最終段階まで変えず、最後の最後で変えるのが良い。

　問題の困惑するところは、マーク・ハッドンの特筆すべき本、『夜中に犬に起こった奇妙な事件』〔小尾芙佐訳、早川書房〕にも感動的に記されている。

　それは、ジェヴォンズ氏は間違っていて、数字は時として非常にややこしく、全然簡単ではないことも示している。だから私はモンティ・ホール問題が好きなんだ。

　この論争を呼んだ諸説に関する短い探求はこれで終わる——読者がブリッジのプレーヤーでなければ。3回のうち2回は、参加者は山羊がいるドアを選ぶことになるのだから、モンティ・ホールは3回のうち2回は、選べる山羊のいるドアが一つしかない。この結論は、「限定された選択肢」というブリッジの原理〔あるカードを出すことから、それと同等のカードをもっていない可能性が高まることを言う〕に移し替えられる。これは、南北チーム〔ブリッジでは4人のプレーヤーが東西チームと南北チームに分かれる〕の二人の手がA, J, 10, 7, 6 ― 5, 4, 3, 2のとき、最適の手は、Jと10の両方でフィネスする〔ペアを組む相

手を利用して、比較的低いカードで高いカードを取ろうとする〕ことだが、手がA, Q, 10, 7, 6 ─ 5, 4, 3, 2のときは、まずクイーンをフィネスして、それからエースを切る。どうしてそうなるかは、ブリッジをしていて関心もある読者に委ねるが、もしかすると、『ニューヨーク・タイムズ』紙のブリッジ専門家、故アラン・トラスコットによる1991年8月4日の記事が出発点になるかもしれない。そこでトラスコットは、このブリッジの原理を40年も前に自分が説明していたことを指摘している。しかしもしかすると禅の哲学がいちばん良い答えをくれるのかもしれない。それはどちらを選んでも違いはないとする。勝ちたいと思ったら、そこですでに負けているというわけだ。

第7章

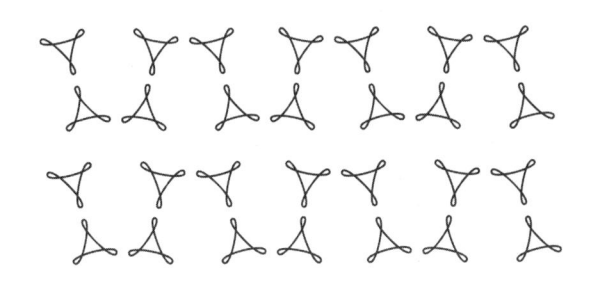

カントールの楽園

ものの数に入るものすべてが数えられるわけではない。数えられるものすべてがものの数に入るわけではない。

——アルバート・アインシュタイン

ジェーン・マイアは、『人と数について』という楽しく書かれた本の最終章を、独特のエレガントな文章で始めている。

歴史——文明の歴史であると同時に一人の人間の歴史——には、振り返ってみて、「すべてはここへつながっていた。今はこんなにあたりまえに見えるのに、どうして前には気づかなかったのだろう」と言えるような時がある。一人の人間あるいは文明は道の果てに至る。旅路は終わる。行き着くところで街道を進んできたすべての彷徨と移動は、この特定の場所に至り、突然、自分は果てまで来て、旅路は終わったのだと気づく。ゲオルク・カントールが土地の最後の区画を案内したとき、数学者が抱いた感覚がそうだった。

数学者はそこで止まることもできた。道がどこへ続くかという疑念、不安、疑問は解消された。しかし別の道が目の前に延びていた。それは形の定まらない、あてにならなさそうな道で、人を不快にも

するし、引き寄せもする——そしてまもなく、別の旅路が始まった。一つの旅の終わりは、突然、別の旅の始まりとなった。これも、ゲオルク・カントールが新しい外の世界に目を開いてから、数学者が抱いた感覚だった。

カントールと同じ時代の名士、レオポルト・クロネッカーはこのことを、有名な格言、「神は整数を作られた、それ以外はすべて人のなせる業」という独自の形で認識したが、こちらは引き寄せられるより不快に思った方だった。本章では、カントールの先進的な思想、あたりまえのことから信じられないことへ、初歩から奥底の極みへと至る道をたどった思想のほんの入り口を見ることにしよう。

まず、どうしても使わざるをえないので、エウクレイデスの第5公準を取り上げ、それから、ここで関心を向けるのは、カントールの成果のうち、第5公理の方に矛盾する部分なので、それについても取り上げる。

あたりまえの考え方

エウクレイデスの『原論』は、史上第2位のベストセラーを誇る（それを上回るのは聖書）。紀元前300年頃に書かれ、当時知られていた数学の大部分について順を追って並べ、とくに（決してそれだけではないが）幾何学の扱いの点で評価される。その扱いは、23個の定義、五つの公準、五つの公理という組合せから始まる。すべて、自明とは言わなくても、少なくとも妥当と思われる。とは言いながら、第5公準は、いささかぎこちない。

2本の直線にかかる直線が、同じ側に2直角より小さい内角をなすとき、2本の直線は、どこまでも延ばせば、角の和が2直角よりも小さくなる側で交わる。

これは、図7.1にあるように、$a + b < 180°$なら、2直線はいずれ交

わるということだ。

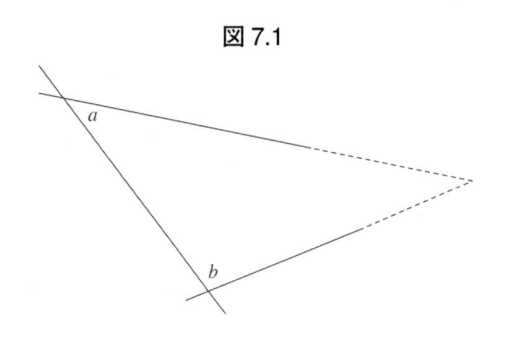

図 7.1

　一流の注釈家プロクロス（411〜485）は、『原論』に対する『注釈』で、この公準は最初から攻撃されていたことに触れ、「この公準はそもそも公準から外すべきでさえある」と書いた。これは「定理」ではないかというわけだ。定義、公準、公理すべての中で、これだけが疑念を呼んだ。この公準と同じことを表した、18世紀スコットランドの数学者ジョン・プレイフェアによる言い方（ただしプロクロスも知っていた）は、もっと人当たりが良い。

直線上にない1点を通り、この直線に平行な直線は1本だけ引ける。

　図 7.2 は、その1点と有限の線分を示している。この命題は、確かに明らかに正しい。
『原論』巻1の命題 29 になるまで、第 5 公準は使われない（その先は、巻1でも後の巻でもしばしば使われる）。

図 7.2

　命題 29 ——平行な直線にかかる1本の直線にできる錯角は互いに

等しく、外角は反対側の内角に等しく、同じ側にできる内角の和は2直角に等しい。

図 7.3 を参照すると、これはそれぞれ、$a = b, b = c$ および $b + d = 180°$ を意味する。証明は短く明瞭だが、こんな言明を含んでいる。

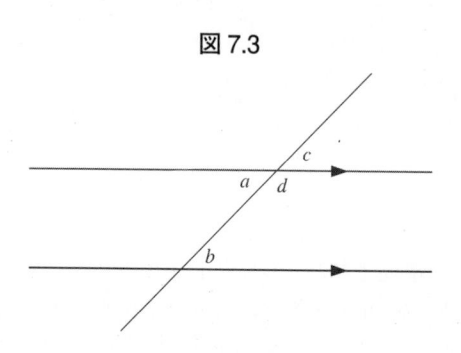

図 7.3

しかし 2 直角より小さい両角から直線をどこまでも延ばすと交わる。

実際には、偉大なプロクロスは（他の多くの人と同じく）間違っていた。第 5 公準は定理ではなく、独立した言明で、これを変えたものも（この点を通る「平行線はない」でも「平行線は複数ある」でも）文句なく成り立つ。命題 29 からの多くの命題（ピュタゴラスの定理など）は、エウクレイデスの幾何学〔ユークリッド幾何学〕でのみ真である。この幾何学は、『原論』の定義、公準、公理から出てくる幾何学のことだ。第 5 公準を「平行線はない」に変えれば、球面幾何学が得られ、「平行線は複数ある」に変えれば、ロシアの数学者ニコライ・ロバチェフスキーとハンガリーのヤーノシュ・ボヤイがそれぞれ独自に考えたことで有名な、双曲面幾何学が得られる。球面幾何学のモデルは（当然だが）球の表面（「直線」は大円とする）である。双曲面幾何学の方は、われわれのユークリッド的な目で見たユークリッド空間には、それほどうまく収まらない。有名な表し方は、クライン・ベルトラミ円盤やポアンカレ円盤であり（オランダの画家マウ

リッツ・エッシャーの探究が驚異的)、擬球の幾何学である。この幾何学では、与えられた1点を通る平行線は無限にあり、ピュタゴラスの定理は成り立たず、三角形の内角の和は180度より小さく、対応する角が等しい三角形は面積が同じになり、すべての三角形の内角の和が同じになるわけではなく、相似の三角形はないなどのことが言える。ジェーン・マイアの言葉は、ゲオルク・カントールの成果にあてはまるように、これにもあてはまる。しかしカントールが疑問視したのは第5公理の方で、これからこちらに目を転じる。こちらはずっと、どこから見ても自明と思われていた。「全体は部分より大きい」という。一般に使われていたラテン語で言えば、「トーテム・パルテ・マイウス」となる。

19世紀末になるまで、これはずっと自明の真理だったが、カントールの異論の多い成果が、その裏をかく結果をもたらし、その成果の一つがカントールを驚かせ、よく手紙を書いていた相手のリヒャルト・デデキントへの手紙にフランス語で、「そう見えるが信じない」と書いたほどだ。これから、この結果と同種のことを他にいくつか見るが、まずは定義が必要だ。

一対一対応

よくあることだが、直観の導きはあてにならず、誤りやすい道に対抗するために、事物の無限集合二つについて大きさを比べる方法を、慎重に定義しておく必要がある。二つの有限集合を比較することについては、得られている案が二つあり、求める定義は、この二つのうちの一方から出てくる。ビー玉が入った袋が二つあって、それぞれの袋にあるビー玉の数は同じかと訊かれれば、袋の中身をあけて、中身を数えればいいだろう。二つの数が合えば、どちらの袋にも同じ個数のビー玉があるというわけだ。ただ、それで問題には答えられるとしても、そこまでやることはない。袋に何個ビー玉があるかと問われているわけではないからだ。ただ個数は同じかと訊かれているだけだ。この問いに直接答えるには、それぞれの袋に片手ずつつっこみ、ビー玉

を一つずつ出していけばよい。一方の袋がもう一つよりも先に空になれば、入っているビー玉の個数は違っていたことになり、そうでなければビー玉は完全に対をなす——あるいはもっと数学的な言葉づかいをすれば、「一対一対応」がつけられる。カントールが無限集合の比較を取り上げるときに使ったのは、この一対一対応という考え方である。何が対応するかはまったく関係ないことを認識しておくことが重要で、ただ二つ一組を作っていくだけだ。それぞれの手でビー玉を取り出すのと同じことだ。たとえば、n と $-n$ の対応が正の整数と負の整数とが同等であることを明らかにする。これはさほど意外なことではないが、それを受け入れると、ただちに、n と $2n$ の対応によって、正の整数と偶数の整数とが同等であることが出てくる。すでにして、エウクレイデスの第5公理とは矛盾している。実は、カントールはすぐに、第5公理に矛盾することが、まさに無限集合の特徴だということを認識し、無限集合を、それ自身の真部分集合と一対一対応がつけられる集合と定義することによって、強力な批判を回避した。自然数と一対一対応がつけられる無限集合は何でも、「可算」集合と呼ばれるようになり、その「大きさ」(あるいは「濃度」)は $\aleph_0$ (アレフ・ゼロ) と書かれる。

有理数は可算

この定義とともに、驚くべきことがカントールのペンから転がり出てくる。たとえば、素因数分解は1通りという性質を使って、集合〔n 次元の正の整数の座標の〕

$$\mathbb{N}^n = \{(m_1, m_2, m_3, \ldots, m_n) : m_1, m_2, m_3, \ldots, m_n \in \mathbb{N}\}$$

を考えれば、これは、$(m_1, m_2, m_3, \cdots, m_n) \to 2^{m_1} \times 3^{m_2} \times 5^{m_3} \times \cdots \times (n\text{番めの素数})^{m_n}$ という対応によって、$\mathbb{N}$ の無限の部分集合との一対一対応がつく。次数は大きさとは無関係で、$\mathbb{N}^n$ は可算である。つまり、$\mathbb{N}^n$ の濃度は $\aleph_0$ である。

上の結果で $n = 2$ の場合をとり、(a, b) と a/b との違いはただの表記の違いだということに合意するなら、それによって有理数は可算だということもわかる。要素が列挙できるかどうかを推論することも集合が可算かどうかを見る方法となる。しかしそれを列挙しようとすれば、当然、数え忘れる数という問題に遭遇する。何と言っても、二つの有理数の間には、必ず別の有理数があるのだ。そういうものを、どうやってすべてを尽くして列挙することができるだろう。

カントールはこのことも考え、1873 年には、「対角線配列」を使った列挙を行なった。図 7.4 (a) は、有理数を無限の 2 次元配列にしている。第 1 行は分子が 1 のもの、第 2 行は分子が 2 のものなどである。

図 7.4

$$\begin{array}{ccccc}
\frac{1}{1} & \frac{1}{2} & \frac{1}{3} & \frac{1}{4} & \frac{1}{5} \cdots \\
\frac{2}{1} & \frac{2}{2} & \frac{2}{3} & \frac{2}{4} & \frac{2}{5} \cdots \\
\frac{3}{1} & \frac{3}{2} & \frac{3}{3} & \frac{3}{4} & \frac{3}{5} \cdots \\
\frac{4}{1} & \frac{4}{2} & \frac{4}{3} & \frac{4}{4} & \frac{4}{5} \cdots \\
\frac{5}{1} & \frac{5}{2} & \frac{5}{3} & \frac{5}{4} & \frac{5}{5} \cdots \\
\vdots & \vdots & \vdots & \vdots & \vdots
\end{array}$$

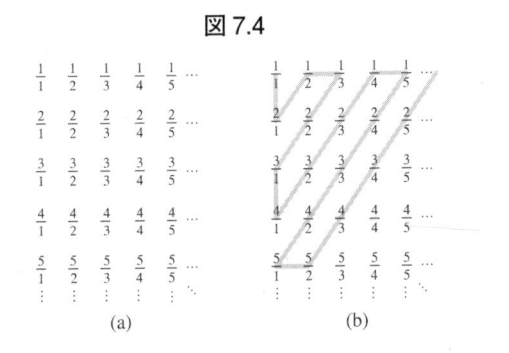

(a)　　　　(b)

図 7.4 (b) に示されるような対角線方式で動くと、次のような有理数の一覧ができる。

$$\frac{1}{1}, \frac{2}{1}, \frac{1}{2}, \frac{1}{3}, \frac{2}{2}, \frac{3}{1}, \frac{4}{1}, \frac{3}{2}, \frac{2}{3}, \frac{1}{4}, \frac{1}{5}, \frac{2}{4}, \cdots$$

明らかに、すべての有理数が（繰り返し）現れ（たとえば、$\frac{1}{1} = \frac{2}{2} = \frac{3}{3} = \cdots$）、この一覧から、相異なる有理数を、左から右へ移動するだけで抽出できる。こうすると、すべての有理数は一度だけ数えられ、したがって、自然数と一対一対応がつく。

一覧は明確になったが、元の一覧には無限個の繰り返しがあり、それをふるいにかけなければならないところが不格好で、すっきりしないと考えられてもおかしくない。「自然な」一覧は存在するだろうか。存在する。そういうものが二つ、ニール・カルキンとハーバート・ウィルフによる「有理数を数え直す」という論文に記されていて（2000年、*American Mathematical Monthly* 107: 360-364）、「オンライン整数列百科」にも、A038568 および A020651 として収められている〔http://www.research.att.com/~njas/sequences/ ——日本語も選択できる〕。第3のものは、当の論文の主題で、すっきりした、美しくも初歩的な論証を使って（ファレー数列とシュター＝ブロコ木によく似ている）、この事実を確認している。手間をかけてそのことを以下に提示しよう。

　論証は特定の樹上図に基づいていて、てっぺんの結節点（ノード）として分数 $\frac{1}{1}$ があり、ノード a/b には、次の二つの子ノードがあるという構造になっている。

- 左側の子は、$a/(a+b)$ で定義される
- 右側の子は、$(a+b)/b$ で定義される。

つまり、

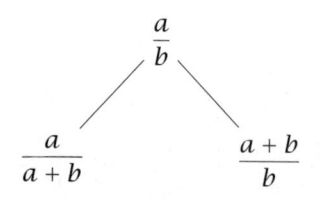

$$
\begin{array}{c}
\dfrac{a}{b} \\
\diagup \qquad \diagdown \\
\dfrac{a}{a+b} \qquad \dfrac{a+b}{b}
\end{array}
$$

で、最初の方は次のようになる。

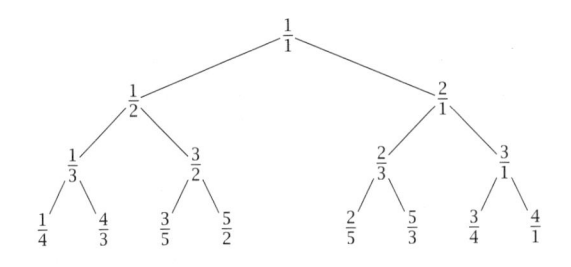

$$
\begin{array}{c}
\dfrac{1}{1} \\
\dfrac{1}{2} \quad \dfrac{2}{1} \\
\dfrac{1}{3} \quad \dfrac{3}{2} \quad \dfrac{2}{3} \quad \dfrac{3}{1} \\
\dfrac{1}{4} \quad \dfrac{4}{3} \quad \dfrac{3}{5} \quad \dfrac{5}{2} \quad \dfrac{2}{5} \quad \dfrac{5}{3} \quad \dfrac{3}{4} \quad \dfrac{4}{1}
\end{array}
$$

樹状図のノードを上から下へ、左から右へとたどると、分数のリストができる。

$$\frac{1}{1}, \frac{1}{2}, \frac{2}{1}, \frac{1}{3}, \frac{3}{2}, \frac{2}{3}, \frac{1}{4}, \frac{4}{3}, \cdots$$

一見してすぐわかるというわけではないが、確かにこの手順で分数がすべて挙がり、しかもすばらしいのは、どの数もぴったり1回だけ出てくるところだ。これは本当に「真の」有理数の列挙だ。

三つの初歩的な結果を組み合わせると次のことが確かめられ、それを考えるには、定義をしておくと役に立つ。

定義 7.1 分数 a/b は、a と b に共通の素因数がないとき、「既約」と呼ばれる(この定義により、$\frac{1}{1}$ は既約であることに留意のこと)。実際には、既約は、$\frac{1}{1}$ を過ぎると、互いに素と同じことになる。

帰結 1 すべてのノードは既約である。

これを示すために、a/b は既約のノードだとしよう。

左の子は、a と $a+b$ でできており、これが互いに素でないとすると、

$$a = ck \quad \text{かつ} \quad a+b = dk$$

となる k, c, d が存在することになり、これは

$$ck + b = dk \quad \text{であり、したがって、} \quad b = k(d - c)$$

となって、b は k で割り切れる。ところが $a = ck$ も必ず k で割り切れ、これは矛盾する。

まったく同じ論証により、右の子ノード $(a+b)/b$ も互いに素でなければならないことが確かめられる。

帰結2 すべての正の既約分数はノードとして出てくる。

要素 a/b を考え、その「和」を $a+b$ と定義する。右の帰結は「和」が k の分数すべてについて成り立つと仮定しよう。そのとき、和が $k+1$ の分数が樹状図に出てこざるをえないことを証明する。

$r+s = k+1$ となるような分数 r/s を考える。$r \leq k$ かつ $s \leq k$ でなければならない。また、r/s が既約なので、$r \neq s$ となるから、$r > s$ か、$r < s$ か、いずれかとなる。

$r > s$ については、当然 $r - s > 0$ で、したがって、$(r-s)/s > 0$ となる。この分数の「和」$(r-s) + s = r \leq k$ なので、$(r-s)/s$ は前提によりノードとならざるをえない。その右側の子ノードは $((r-s) + s)/s = r/s$ で、これもノードとなる。

$r < s$ については、$s - r > 0$ なので、$r/(s-r) > 0$ となる。この分数の「和」は $(r+s) - r = s \leq k$ なので、$r/(s-r)$ は、仮定からノードでなければならない。その左側子ノードは $r/((s-r) + r) = r/s$ で、これもまたノードである。

最初は $r+s = 2$ で、ここからは正の分数は $\frac{1}{1}$ だけができ、これは定義によりノードで、帰納法は完成した。

帰結3 すべての既約分数は一度だけ現れる。

すべての分数は既約であることはわかっている。

分数 j/k が少なくとも 2 回現れるとし、その親ノードを a/b と c/d としよう。当然、$a/b \neq c/d$ である。そうでないと、j/k は同じノードの左子ノードと右子ノードになるからだ。しかし、整数 a, b については、$(a+b)/b > a/(a+b)$ である。

　j/k が a/b と c/d の左子ノードなら、$a/(a+b) = c/(c+d)$ で、$a/b = c/d$ となる。同じ論法により、a/b と c/d は同じ親ノードの右子ノードではありえないことがわかる。したがって、これはある親の左子ノードであり、別の親の右子ノードでなければならない。

　j/k は a/b の左子ノードで、c/d の右子ノードと仮定しても、一般性は失われない。したがって、$j/k = a/(a+b)$ であり、$j/k = (c+d)/d$ となる。

　すべての分数が既約なので、これは、

$$j = a, \quad k = a + b, \quad j = c + d \quad k = d,$$

で、したがって、

$$a = c + d \quad \text{かつ} \quad d = a + b$$

となり、$c+b = 0$ である。$b, c > 0$ なので、矛盾に陥る。

　これで帰結 3 は確かめられた。

　この過程は分子の列 $1, 1, 2, 1, 3, 2, \cdots$ を生み、これを $b(n)$ と書いてもよいだろう。リスト中の n 番の分数の分母は、$(n+1)$ 番の分子に等しいので、分数のリストは

$$\frac{b(n)}{b(n+1)}$$

という形をしている。また、リスト $a(n)$ 上の n 番の分数については、きれいな再帰式もある。

$$a(1) = \tfrac{1}{1},$$
$$a(n+1) = \frac{1}{\lfloor a(n) \rfloor - (a(n) - \lfloor a(n) \rfloor) + 1}, \quad n \geq 1$$

ただし、'$\lfloor \cdot \rfloor$' は床関数である。

もっと大きい集合

つまり、次元が増えても可算性には影響しないし、すでに見たように、「大きさ」が増しても影響しない。$\mathbb{Q}$ は $\mathbb{N}$ を含んでいるが、やはり可算である。もう一度大きさを増して代数的数という、$\sqrt{2}$ など、係数が整数の高次方程式の根となるすべての数にして考えても、可算性に変化はない。カントールの巧妙な論証が、これも可算であることを明らかにした。このように冒険は続いた。あらためて直観が信頼できる案内役だと示されるまでは。実数の系全体 $\mathbb{R}$ は可算ではない。π や e の類を入れると、事態は先へ行きすぎるが、$\mathbb{Q}$ は可算で $\mathbb{R}$ はそうでないとすれば、加わったもの——「超越」数——は、可算ではないとするしかない。1844 年、ジョゼフ・リューヴィルは、超越数による無限集合を確立し、1851 年には、超越数であることを証明できる特定の数（リューヴィル数と呼ばれる）を作り出すことができた。それでも、そのような数を見つけることは、きわめて難しいことがわかっている。今や、カントールの帰結があっても、「ほとんどすべて」の数は、とらえがたい超越数であるという、すっきりしない認識があった。

実は、$\mathbb{R}$ は可算ではないことの証明は、可算集合が「列挙できる」ことを利用すれば、ごく易しい。$\mathbb{R}$ だけでなく、区間 [0, 1] は列挙できないことも容易にわかる。まず、有限の小数が、それと同等の、9 が無限に反復するもので表されるとするなら、小さな曖昧さは取り除かれる。たとえば、0.284 = 0.283999... とする。さて、区間 [0, 1] が列挙可能だとしてみよう。しかしそうなると、数 $0.a_1 a_2 a_3 ...$ を考え、a_1 はリストにある最初の数の小数第 1 位以外の数なら何でもよく、a_2

はリストにある中の第2の数の小数第2位の数以外の数なら何でも
いいというふうにして形成されるとしてみよう。この構成によって、
このような数は、リストにあるどの数とも違い、したがってリストは
区間にあるすべての数を尽くすことはできない——出てくるべき矛盾
がちゃんと出てきた。

　この結果があれば、どんな有限の区間も不可算であることは明らか
になるが、事態を明らかにするには、次のようなこともできる。エウ
クレイデスの世界に限定して、第5公準を受け入れることにすると、
任意の長さの二つの有限の区間は、その長さの2本の線分を、一点一
点照合することで、一対一対応がつけられる。

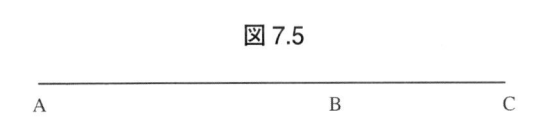

図 7.5

―――――――――――――――――――――
A　　　　　　　　　　　B　　　　　C

　図7.5は、そのような2本の線分ABとBCが一直線に並んでいる。
そこでこの直線を、図7.6にあるように折りたたみ、∠ABCが鋭角
になるようにして、AとCをつないでみよう。第5公準のプレイフェ
アによる言い換えによって、AB上の1点を通ってACに平行な直線
は1本だけ引けることが保証される。この直線が、必要な一対一対応
をもたらしてくれる。

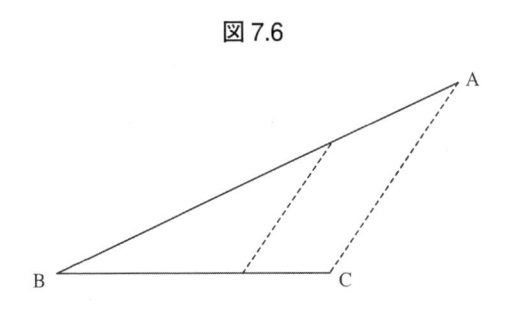

図 7.6

したがって、ℝ のすべての有限の部分区間は不可算で、[0, 1] の ℝ との一対一対応は、図 7.7 からうかがえるように、$f(x) = \tan(\pi(x + 0.5))$ を使って確認できる。

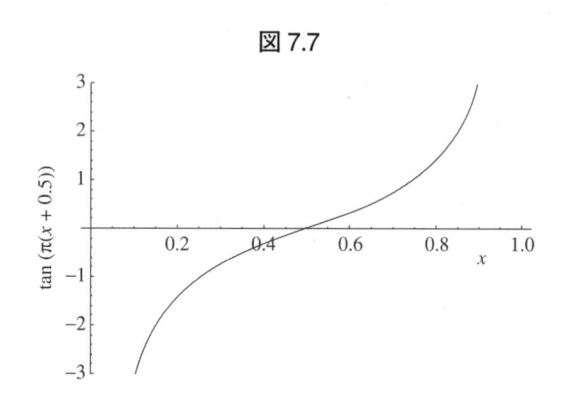

図 7.7

カントールの帰結

先の 91 頁に出てきたカントールの引用に戻ろう。見えたけれども信じられなかったことは、以前の 1874 年にデデキントに宛てた手紙で表明された疑問の答えだ。そのときの手紙はこう問うている。

> 面（たとえば境界を含む正方形）は直線（たとえば両端を含む線分）と一義的に対応させて、面上のすべての点について、対応する直線上の点が存在し、逆に、直線上のすべての点について、それに対応する面上の点があるようにすることができるだろうか。私は、この問題に答えるのは決してたやすい仕事ではないと思います。答えはほとんど証明の必要もないほど明らかに「できない」のように見えますが。

すでに 92 頁では、$\mathbb{N}^n$ が可算であることを見たが、1877 年の手紙には、区間 [0, 1] 上の点と n 次元の空間 $\mathbb{R}^n$ の中の点とに一対一対応がある

こと、あるいはそれと同じことだが、$\mathbb{R}$ と $\mathbb{R}^n$ との間に一対一対応があることを示すことで、あたりまえに見えることが崩れる証明が出ていた。やはり全体は必ずしも部分より大きいわけではない。

必要な一対一対応を立てるために、単位正方形内の任意の点 (x, y) を取り上げよう。x, y は、無限小数の形による数字であり、小数は、小数第1位は x の小数第1位で、第2位は y の小数第1位、第3位は x の小数第2位、第4位は y の小数第2位というふうにする。このような数は、区間 [0, 1] に一つだけあり、逆に、区間 [0, 1] のどの数も、単位正方形にある点の x 座標と y 座標となる二つの数に、一意的に分解できる。一対一対応は、それによって確かめられ、次元の概念は再び不愉快な精査を迫られる。同じ論法は、もっと高い次元にも容易に改造できる。

理論全体が途方もない結果だらけで、そのほとんどが直観を危うくする。そのうちのいくつかは、数学的土台の核心に触れ、それとともに、この主題に前提される確固とした土台をゆるがす本物の逆説がもたらされる。悪名高い例の一つは、大論理学者ゴットロープ・フレーゲの関心を引いた。フレーゲは、本人が定義する数学の基本的な論理的基礎から算術が出てくることに関して、四半世紀前から研究していた。論文は分厚い2巻の本にわたることになる。カントールの成果に刺激された斯界の権威バートランド・ラッセルが、自身の最新の集合論に関する見解を詳述した手紙を送り、それをフレーゲが受け取ったときにはすでに第1巻は出版されていた。第2巻の終わりに、フレーゲは脚注を加えていた。それはこう始まる。

学者が遭遇する望ましくないこととしては、研究が完成したちょうどそのときに根拠が崩れるほどのことはまずない。私は本書が印刷機から出てくる頃になって、バートランド・ラッセル氏から手紙をもらって、そういうはめに陥った。

語られない数学者や論理学者が、カントールの成果の意味に騙されている。論証が飛び交い、とられる立場は様々だ。本章は、これまたド

イツの数学者ダーフィト・ヒルベルト（この時期全体で最大の数学者）の言葉とともに、前向きの調子で終えよう。「誰もわれわれをカントールが生み出した楽園から追放することはない」

第8章

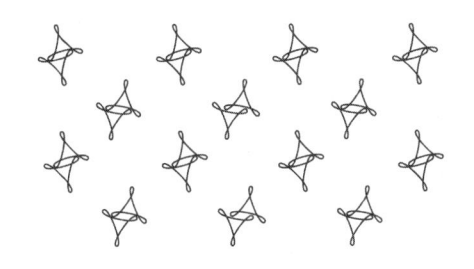

ガモフ=スターンのエレベーター

複雑な問題すべてについて、単純で、整った、間違いの答えがある。
——H・L・メンケン

現場のガモフとスターン

勤務先が、エレベーター1本だけのビルの中程の階にあるとし、階ごとの利用頻度は一様と仮定すると、対称性から、そのビルのどこかの階にエレベーターが今止まっていなければ、そこへ上行きが来る確率も下行きが来る確率も $\frac{1}{2}$ となるだろう。ジョージ・ガモフとマーヴィン・スターンも、1956年、7階建てのビルに務めていたとき、同様の推論をした。最下階を1階、最上階を7階とする。ガモフの勤め先は2階にあり、スターンの勤め先は6階にあった。ガモフがスターンのところへ行こうとする、エレベーターはほとんどいつも、下行きが来て、訪問は「下りてからまた上がる」という苦難の旅になるのが常だった。スターンがガモフのところへ行こうとすると、逆のことに遭遇した。二人は、ガモフにとっては、上行きのエレベーターが来る確率は $\frac{1}{6}$ で、下行きのエレベーターが来る確率は $\frac{5}{6}$ となるとした。スターンの方はもちろん、その正反対となる。先の建物の配置と図8.1から、二人がそう推理した理由がわかる。

図 8.1

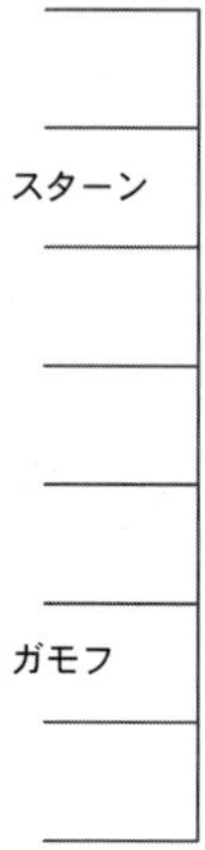

```
├─
├─ スターン
├─
├─
├─
├─ ガモフ
├─
```

　これは実に妥当なことだが〔ガモフのところで考えると、エレベーターが上にある場合が5通り、下にある場合が1通りとなるので、次に来る場合は、上からの場合が $\frac{5}{6}$、下からの場合が $\frac{1}{6}$ となる〕、二人は『数は魔術師』〔由良統吉訳、白揚社〕という小さなパズルの本を書いている。1958年の出版だ。その序論にエレベーターの話が出ていて、本文でも後の方でパズルとして展開されている。上行きと下行きのエレベーターは、シカゴとロサンゼルスを結ぶ鉄道の東行きと西行きに置き換えられている。列車は1編成だけという話で、両端の都市にどれだけ近いかで、東行き西行きが来る頻度が決まるという結論が出され、次のようにしめくくられる。

　シカゴとロサンゼルスの間を運行する列車が、実際と同じく何編成もあっても、もちろん事情は同じことで、しかじかの時間が経過した後に最初に見る列車は、〔東にあるシカゴに近いところでは〕やはり東行きの方になる可能性が高い。

エレベーター問題にとっての含みは、ビルにエレベーターが何台あっ

ても、$\frac{1}{6}$と$\frac{5}{6}$という確率はずっと成り立つということだ。実際にはそうはならない。数学の言明に「もちろん」が含まれるときは、個別の精査にかけられるもので、この場合は、ドナルド・クヌースがその精査を示し、その論証を、1969年に『レクレーション数学誌』(*Journal of Recreational Mathematics* 2: 131-137) に掲載された論文で発表した。論証は、エレベーターが互いに独立して運行されていても、ガモフやスターンの確率は、台数とともに変化する——しかも、台数が増えるにつれて、それぞれの確率は$\frac{1}{2}$に近づくというものだった。

クヌースの論証

問題を、図8.2にあるような、b階建てのビルで、ガモフは最下階からa階のところにいるという、もっと一般的な形で調べてみよう。

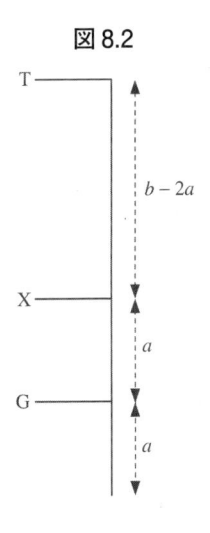

図 8.2

```
T ┬
  │
  │
  │ b − 2a
  │
  │
X ┼
  │ a
G ┼
  │ a
  ┴
```

エレベーターが1本の場合はすぐにはっきりする。エレベーターがガモフのいる階に来るとき下行きである確率をP_1とし、$p = a/b$とすると、$P_1 = (b-a)/b = 1-p$となる。ガモフ=スターンの場

合には、$p = \frac{1}{6}$ だ。

エレベーターが2本の場合を考えると、微妙なところが出てくる。$p \leq \frac{1}{2}$ とし、それによってGはビルの下半分の側にいることにしよう。こう考えることは、逆の場合がこれと対称的であることは「もちろん」明らかだという推論によって支持される。

問題の自然な見方は、どちらのエレベーターもGより上にあるなら、必然的に、次のエレベーターは下行きになるということで、こうなる確率は、$((b-a)/b)^2 = (1-p)^2$ である。次のエレベーターが下行きになる場合は、他には1台が上にあり、もう1台が下にあるときだけで、こうなる確率は、

$$\frac{a}{b} \times \frac{b-a}{b} + \frac{b-a}{b} \times \frac{a}{b} = 2p(1-p)$$

である。これが確率全体に占める重みを計算するには、上にある1台が、下にあるものよりも近くにいて、先に着く、つまりGとXの間にある確率を掛けなければならない。この確率は、

$$\frac{a}{b-a} = \frac{p}{1-p}$$

となり、どちらのエレベーターも対等なので、$\frac{1}{2}$ を掛けて、次のエレベーターが下行きである全体の確率を、次のように求めなければならない。

$$P_2 = (1-p)^2 + 2p(1-p) \times \frac{p}{1-p} \times \frac{1}{2}$$
$$= 1 - 2p + p^2 + p^2 = 1 - 2p + 2p^2$$

図8.3は、p に対する P_1 と P_2 をグラフにしたもので、両端を除いて $P_1 > P_2$ であることがわかる。

図 8.3

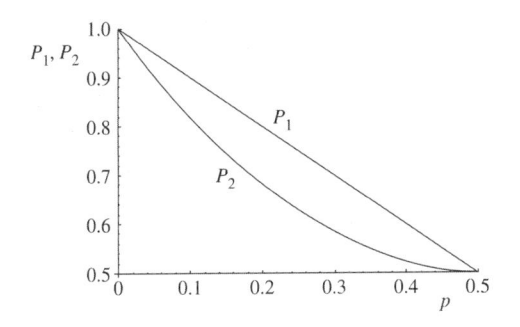

この結果を n 台のエレベーターに一般化する場合、進め方は何通りかある。ここで採用する進め方では、これまでに得られた二つの結果が次のように書き換えられることに注目する。

$$P_1 = 1 - p = \tfrac{1}{2} + \tfrac{1}{2}(1 - 2p),$$
$$P_2 = 1 - 2p + 2p^2 = \tfrac{1}{2} + \tfrac{1}{2}(1 - 2p)^2$$

ここから、すべての正の整数 n について、$P_n = \tfrac{1}{2} + \tfrac{1}{2}(1 - 2p)^n$ ではないかと推測される。

この新しい形では、P_1 と P_2 にたどり着くために使われる論証は、次のようのものに変わる。

エレベーターが 1 台のとき、このエレベーターが X より上にあり、したがって、必ず次に来るのが下向きである場合がありうる。そうなる確率は、

$$\frac{b - 2a}{b} = 1 - 2p$$

逆に、X より下にあることもあり、その確率は、$1 - (1 - 2p)$ となり、そのとき G より上にあるか下にあるかの可能性は同じで、したがって、

上行きか下行きかの可能性も同じ。この確率は、$\frac{1}{2}(1-(1-2p))$ となるので、

$$P_1 = (1-2p) + \tfrac{1}{2}(1-(1-2p)) = \tfrac{1}{2} + \tfrac{1}{2}(1-2p)$$

である。同様に、エレベーターが 2 台のときは、確率

$$\left(\frac{b-2a}{b}\right)^2 = (1-2p)^2$$

で、そのどちらもが X より上にいる場合もあれば、確率 $1-(1-2p)^2$ で、少なくとも一方が下にいる場合もある。後者の場合には、次のエレベーターが X より上にある可能性は五分五分で、それによって、

$$P_2 = (1-2p)^2 + \tfrac{1}{2}(1-(1-2p)^2) = \tfrac{1}{2} + \tfrac{1}{2}(1-2p)^2$$

となる。これを頭に入れると、一般的な場合は、まったく同様に、2 の代わりに n を代入して論じられ、結果はこうなる。

$$P_n = (1-2p)^n + \tfrac{1}{2}(1-(1-2p)^n) = \tfrac{1}{2} + \tfrac{1}{2}(1-2p)^n$$

P_n を表す式は、p が $\frac{1}{2}$ より大きい値をとってもいいように容易に修正でき、そうするとこうなる。

$$P_n = \tfrac{1}{2} + \tfrac{1}{2}(1-2p)|(1-2p)|^{n-1}$$

そのグラフを図 8.4 に示した。n は連続変数とする。

図 8.4

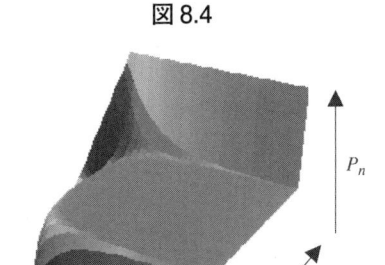

$n=1$ のとき、グラフの左奥に直線 $P_1=1-p$ が見え、n が増えるにつれて、P_n はすべての p の値について高さ $\frac{1}{2}$ の高原になる。

これでエレベーターの逆説の話はおしまいだが、読者はさらに話を進めたいと思われるかもしれない。それなら、たとえば、A・ワッフルの「エレベーターの純粋理論」という記事（Wuffle, 1982, *Mathematics Magazine* 55 (1): 30-37）、あるいは当然のことながら、ガードナーがエレベーターについて論じたところ（Gardner, *Knotted Doughnuts and Othe Mathematical Entertainments*）を読むとよい。もっと手軽なところでは、6章でも挙げたCBSのテレビドラマ、『ナンバーズ』を見るといいかもしれない。2007年12月14日放映の「チャイニーズ・ボックス」では、アランとチャーリーがこの効果で苦労している。

第 9 章

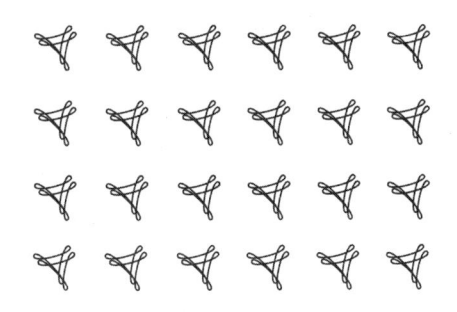

コイントス

反復が続くことが確信をもたらす。

——ロバート・コリアー

現代的な話

　以下の 1679 ビットがでたらめなのか、それとも何かの意味のある内容が入っているのか、判断を求められれば、答えはおそらく後者になるだろう。見たところ、偶然にできたにしては 0 の並びが少々長すぎて、「でたらめさが欠けている」ようなところがある。硬貨を 1679 回はじいて、表なら 0、裏なら 1 を書いていくとしよう。これほど長く裏が続くと、きっと硬貨に偏りがあるのではないかと疑うことになるだろう。そのことに同意していただけるなら、地球外知的生命との通信をしているグループが願っている通りにふるまっていることになる。これは、1974 年、アレシボ電波望遠鏡が改修されたのを記念して、25000 光年離れた球状星団 M13 の方向へ向けて宇宙空間に発射されたアレシボ・メッセージである。

```
0000001010101000000000001010000010100000001001000100010001001
0110001010101010101010100100100000000000000000000000000000000
0001100000000000000000110100000000000000000110100000000000000
0000010101000000000000000001111100000000000000000000000000000
0000011000011100011000011000100000000000000011001000011010001100
0110000110101111101111101111101111000000000000000000000000001
0000000000000010000000000000000000000000000000000010000000000000
0011111000000000001111000000000000000000000000001100001100001
1100011000100000001000000000010001101000011000111001101011110
1111101111101111000000000000000000000001000000110000000001
0000000000110000000000000000100001100000000001111110000011000
00011111000000000001100000000000000100000000010000000010000010000
0011000000001000000001100011000000100000000011001000011000000
0000000011001100000000000011001000011000000000110011000000
0100000001000000100000000100001000000011000000001000100000000
1100000000010001000000000010000000100001000000010000000010000000
1000000000000110000000001100000011000000001000111010101100000
000000100000001000000000000000100000111100000000000000001000010111
0100101101100000001001110010011111110111000011100000110111000000
00001010000011101100100000001010000011111100100000001010000001100
0001000001101100000000000000000000000000000000000011100000001000
00000000000111010100010101010101001110000000001010101000000000000
0000000010100000000000000001111100000000000000011111111100000000
0000111000000011100000000001100000000000001100000001101000000000001
0110000011001100000000011001100001000101000001010001000010001001
00010010010000000000100010100010000000000000100001000010000000000
0001000000000010000000000000010010100000000001111100111111010011
1100
```

　地球外知的生命体なら（あるいは読者なら）、すぐに 1679 を 23 × 73 と因数分解して、23 行 73 列あるいは 73 行 23 列の長方形のます目を考え、1 のますは塗りつぶし、0 のますは空白にしておくことを考えるだろう。図 9.1 は 23 行 73 列の場合の結果で、これではがっかりするかもしれないが、図 9.2 は 73 行 23 列の場合で、こちらなら情報が入っているらしく見え（少々とらえにくいとはいえ）、これなら読者は、このメッセージが何なのかを見つけようとして、さらにデータを調べるかもしれない。こんな例を挙げたのは、直観はわれわれを正しく導くことを言う意図で、1999 年には、ヘラクレス座の巨大星団に『2001 年の遭遇メッセージ』——誤り保護されたおよそ 40 万ビット——が送られたが、こちらの詳細には立ち入らない。

図 9.1

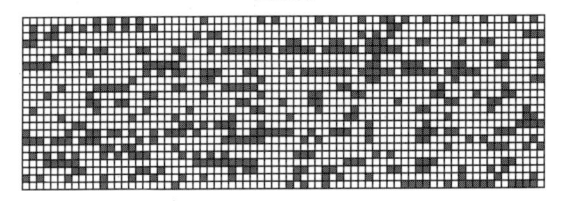

図 9.2

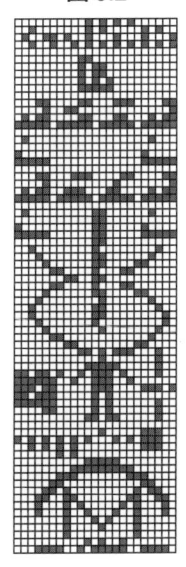

　もう少しささやかに、二進データ 200 ビットを考えよう。

```
01000000111000110000111010000110000010110100000000110101110000
11001000101101101010000101010011101101110000110000110101110000
11110001000111110001001001101101111110111001000001111100001001
01001001010011
```

と

コイントス　113

```
10110001010110100010111100001000010101001100100011100110100111
01101011110001110100110111001110110101111010101101101001100001
00110011001001001010100001111010111000010101111001101011110001
0010011000100
```

である。テストはさらに厳格だが、二つの集合のうちの一つは無作為で、もう一つは無作為ではない。情報を含んでいるのはどちらだろう。同じ直観と類推を使うと、最初のデータ集合では8回連続で表が出ているが、もう一つはせいぜい4回までなので、後の方が無作為で、それなら先の方は無作為ではないと思いたくなるだろうが、実はそうではない。

0と1に表と裏を対応させて間違った方を選んだ読者は、ハーヴァード大学の高名な統計学者、故フレッド・モステラーの言葉に慰めを求めたくなるかもしれない。ヴィクター・コーンの著書『ニュースの統計数字を正しく読む』(Cohn, *News & Numbers*, Iowa State University Press, 1989)〔折笠秀樹訳、バイオスタット刊〕に引かれているもので、次のようなところだ。

> 大学の授業で硬貨を何度もはじき、はじくごとに学生に疑わしいところがあると思うかと尋ねると、5回続けて裏か表が出ると、クラスじゅうの学生の手が挙がる。5回はじいて5回とも表か5回とも裏になるということが偶然に起きる確率は1/16（0.0625）で、「つまり0.05あたりのまれな事象になると、人は何となく落ち着かなくなってくることを示す一定の経験的証拠がある」

コイントスのモデルを続けると、表（裏）が続けて出るというふるまいは、もっともな想像とはかなり違っていることがわかるだろう。

啓蒙時代の取り扱い

この研究は新しいものではなく、まず、18世紀フランスの数学者、アブラム・ド・モアヴルによる取り扱いを見てみよう。19世紀イギ

リスの数学者アイザック・トッドハンターによれば、確率論は「ただ一人、ラプラスを例外として、他の誰よりも［ド・モアヴルの］おかげをこうむっている」という。

その見解は、広く影響を及ぼした著書『確率の数学理論の歴史、パスカルの時代からラプラスの時代まで』（1865年、1965年に再刊）に出てくる。この本では、近代確率論の始まりを1654年と定めている。この年の晩夏、ピエール・ド・フェルマーとブレーズ・パスカルの間で手紙のやりとりがあって生まれたのだ。この草分けとなるやりとりは、有名な賭け好きの貴族、バッセー領主メレ勲爵士アントワーヌ・ゴンボーによってパスカルに出された「得点数の問題」が、きっかけの一部になっている。ド・メレは、やはり昔からある問題について尋ねていた。これは無理なくコイントスに置き換えて表すことができる。

AとBという二人が同額の賭け金を積んで、先にn点を取った方が勝ちとする勝負をするとしよう。得点は、偏りのない硬貨をはじくことで決まる。表が出たらAが1点、裏が出たらBが1点である。この勝負をしていて、Aがn点にa点足りず、Bがn点にb点足りないところで中断されるとしたら、賭け金全体をどう分配すればよいか。

いくつかの特殊な場合を取り上げた後、一般解が求められ、それによって数学の世界でパスカルの名を、有名な数による三角形につなげることになる。関心のある人々のために言っておくと（証明は抜き）、答えは、パスカルの三角形の$(a+b-1)$行を使い、Aは

最初のb項の和／行全体の和 × n

$$= \frac{1}{2^{a+b-1}} \left(\binom{a+b-1}{0} + \binom{a+b-1}{1} + \cdots \right.$$
$$\left. + \binom{a+b-1}{b-2} + \binom{a+b-1}{b-1} \right) \times n$$

を受け取り、Bの方は、

残りの項の和／行全体の和 $\times n$

$$= \frac{1}{2^{a+b-1}} \left(\binom{a+b-1}{b} + \binom{a+b-1}{b+1} + \cdots \right.$$
$$\left. + \binom{a+b-1}{a+b-2} + \binom{a+b-1}{a+b-1} \right) \times n$$

を受け取ることになる。たとえば、$n=10$ で、Aが8点、Bが7点のところで止まったとすると、

$$a = 10 - 8 = 2, \quad b = 10 - 7 = 3, \quad a + b - 1 = 4$$

で、Aが受け取るのは

$$\frac{1}{2^4} \left(\binom{4}{0} + \binom{4}{1} + \binom{4}{2} \right) \times 10 = 6.875$$

Bが受け取るのは、

$$\frac{1}{2^4} \left(\binom{4}{3} + \binom{4}{4} \right) \times 10 = 3.125$$

スイスの数学者ヤーコプ・ベルヌーイも、確率論の世界で（さらに他のいろいろな分野と同じくらいに）激しい光を放って輝く人物であり、

こちらもパスカルの三角形の行の要素について考え、その基本的な帰結については少し後で見ることになる（また11章でもお目にかかる）が、ここではド・モアヴルに集中しよう。元は1711年、イギリスのロイヤル・ソサエティに提出した論文で、1718年刊、1738年と56年に再刊された『偶然の学説』という本に展開されている。56年版の表紙には、この内容が「以前よりも完全で、明瞭で、正しい」ことを謳っている。

ごくふつうの計算について相当の問題が残っていることは見るが、ここで解説するド・モアヴルの硬貨をはじくときの反復に関する研究は、この版のものだ。本の大部分は一連の問題とそれに対する答えを述べることに充てられており、「偶然」の節（「年金論」に充てられた後半のすぐ前の部分）の最後の問題は、少々現代風に変えたが、次のようになっている。

問題七十四

与えられた試行回数で、とぎれることなく与えられた回数、偶然をはじく確率（つまり、与えられた試行回数の中で、与えられた回数の反復を達成する確率）を求めること。

解答——1回の試行で当てる確率を $a/(a+b)$ で表し、逆の確率を $b/(a+b)$ とする。与えられた試行回数を n とし、p を連続して当たりが出る回数とする。すると、$b/(a+b) = x$ として、

$$1 - x - axx - aax^3 - a^3x^4 - a^4x^5 - \cdots - a^{k-1}x^k$$

で1を割った商をとり、この割り算から出てくる級数の項を、$n - k + 1$ 個になるまでとり、和に $a^k x^k / b^k$、つまり $a^k / (a+b)^k$ を掛けると、その積が求める確率を表す。

例題1——10回の試行で合わせて3回の当たりを出す必要がある

としよう。a と b は等式にある比になっているとし、そうでなければ、それぞれが 1 に等しいとすると、1 を $1 - x - xx - x^3$ で割ると、$n - k + 1$ 個、つまり、この場合は $10 - 3 + 1 = 8$ 個の 1 ができるまで続いた商は、

$$1 + x + 2xx + 4x^3 + 7x^4 + 13x^5 + 24x^6 + 44x^7$$

となる。x は $b/(a+b)$ と解され、この場合は $\frac{1}{2}$ なので、級数は、

$$1 + \frac{1}{2} + \frac{2}{4} + \frac{4}{8} + \langle \frac{7}{8} \rangle + \frac{7}{16} + \frac{13}{32} + \frac{24}{64} + \frac{44}{128}$$

で、その和は $\frac{520}{128} = \frac{65}{16}$ となり、これに $a^k x^k / b^k$、つまりこの場合は $\frac{1}{8}$ を掛けると、積は $\frac{65}{128}$ となり、したがって、10 回の試行の中のどこかで 3 回続けて当たりが出る可能性は、五分五分よりも少し大きく、オッズは 65 対 63 となる。

現代風の言い方をすると、偏りのない硬貨を 10 回はじいて少なくとも 3 回連続して表が出るオッズは 65 対 63 となる。まず、誰が書いても悩みの種の $\frac{7}{8}$〔$\langle \; \rangle$ でくくったところ〕に目を向けよう。現代人の目には、これはよくわからないし、このねじれを、現代的な表記を使って取り除こうとすることになる。次の式を考えよう。

$$\begin{aligned} E &= \frac{1}{1 - x - axx - aax^3 - a^3x^4 - a^4x^5 - \cdots - a^{k-1}x^k} \times \frac{a^k x^k}{b^k} \\ &= \frac{1}{1 - x - ax^2 - a^2x^3 - a^3x^4 - a^4x^5 - \cdots - a^{k-1}x^k} \times \frac{a^k x^k}{b^k} \end{aligned}$$

すると、等比級数の和の公式を使って、

$$E = \frac{1}{1 - x(1 - (ax)^k)/(1 - ax)} \times \frac{a^k x^k}{b^k}$$
$$= \frac{1 - ax}{1 - ax - x + a^k x^{k+1}} \times \frac{a^k x^k}{b^k}$$

ここでの主な関心は、偏りのない硬貨、つまり $a = b = 1$ となることで、式は

$$E = \frac{1 - x}{1 - 2x + x^{k+1}} \times x^k = \frac{x^k(1 - x)}{1 - 2x + x^{k+1}}$$

となる。$P(n, k)$ と書いて、偏りのない硬貨を n 回はじいて、少なくとも k 回続けて表が出る確率を表すとすると、次のようにまとめた公式もどきができる。

$$P(n, k) = \frac{x^k(1 - x)}{1 - 2x + x^{k+1}} \text{ を、} x = \tfrac{1}{2} \text{ として、} x^n \text{ まで展開}$$

ド・モアヴルの例題は $P(10, 3)$ を出せと言っており、本人の言うように、

$$E = \frac{x^3(1 - x)}{1 - 2x + x^4}$$
$$= x^3(1 + x + 2x^2 + 4x^3 + 7x^4 + 13x^5 + 24x^6 + 44x^7 + O(x^8))$$

であり、$x = \tfrac{1}{2}$ として有意な部分を計算すると、

$$P(10, 3) = \tfrac{1}{8}(1 + \tfrac{1}{2} + \tfrac{2}{4} + \tfrac{4}{8} + \tfrac{7}{16} + \tfrac{13}{32} + \tfrac{24}{64} + \tfrac{44}{128}) = \tfrac{65}{128} \approx 0.508$$

となる。ド・モアヴルの式は、一種の母関数〔与えられた数列を順次係数とする冪級数関数〕で、深い謎であり、根拠なしに与えられているが、「計算をもっと簡単にする方策を検討」しつづけ、$P(21, 4)$ を

取り上げて、その点を明らかにしようとしている。計算が難しくなる根幹は、$1/(1-2x+x^5)$ の展開にあり、これは求められる精度で、次のように与えられる。

$$1 + 2x + 4x^2 + 8x^3 + 16x^4 + 31x^5 + 60x^6 + 116x^7 + 224x^8$$
$$+ 432x^9 + 833x^{10} + 1606x^{11} + 3096x^{12} + 5968x^{13}$$
$$+ \langle 11\,494x^{14} + 22\,155x^{15} + 42\,704x^{16} + 82\,312x^{17} \rangle$$

かっこに入れた部分は計算間違いがあるところで、コンピュータがあっという間に出してくる正しい式は、

$$1 + 2x + 4x^2 + 8x^3 + 16x^4 + 31x^5 + 60x^6 + 116x^7 + 224x^8$$
$$+ 432x^9 + 833x^{10} + 1606x^{11} + 3096x^{12} + 5968x^{13}$$
$$+ 11\,504x^{14} + 22\,175x^{15} + 42\,744x^{16} + 82\,392x^{17}$$

ド・モアヴルの謎の再帰式を使うことで、x^{14} の項1か所の計算間違いが式の残りの部分に蓄積されている。

　これらの項は一見すると非常な手間をかけて得られたように見えるかもしれないが、先に再帰的級数の性質について説明したことを考えれば、級数の各係数は、最後の項を2倍し、最後の項からそれを含めて五つ前の項の係数を引くことから得られる。もう一つ項を得たければ、最後の係数は82312であり、それを含めて五つ前の項の係数は5968なので、必要な係数は、82312の2倍に5968足りない数、つまり158656となり、最後の項は $158656x^{18}$ となる。

この指示は有効だが、こうした大数学者が現代の計算機の威力を使っていたらどうなっていただろうと思うことがよくある。計算機を使えば、答えは $P(21, 4) = 0.497$ とすぐに出る。

現代的な取り扱い

ド・モアヴルの方法は、コンピュータがあれば、きわめて容易な、それでも難解な確率計算の方法となるが、数学としての威厳のために、もっと厳密な方法を用いて、$P(n, k)$ を表す n による再帰的関係を考えることにしよう。

連続して k 回表が出るという事象は、最初の $n-1$ 回はじくまでに起きるか起きないか、いずれかだ。起きるとすれば、その確率は $P(n-1, k)$ となる。起きないとすれば、最後にはじく硬貨が連続に含まれ、そうなる確率は、次のようにして計算できる。最初の $n-k$ 回には、k 回連続して表が出たことはなく、$(n-k)$ 回めにはじいた結果は裏でなければならず、その後 k 回続けて表が出たということだ。このことから、次の確率が出てくる。

P (最初の $n-k$ 回の間は連続して k 回は出ない) $\times P$ (n 回めを含む k 回連続して表)
$= [1 - P(n-k, k)] \times \frac{1}{2}(\frac{1}{2})^k = [1 - P(n-k, k)] \times (\frac{1}{2})^{k+1}$

すると、

$P(n, k) = P$ (最初のうちに連続して表が出る) $+ P$ (連続して表が出る中に最終回が含まれる)

が得られ、したがって、

$$P(n, k) = P(n-1, k) + [1 - P(n-k, k)] \times (\frac{1}{2})^{k+1}$$

となる。明らかに、境界条件

$$P(0, k) = P(1, k) = P(2, k) = \cdots = P(k-1, k) = 0$$

コイントス　121

があるので、

$$P(k,k) = (\tfrac{1}{2})^k$$

である。これを使えば、再帰的に確率が生成でき、表 9.1 が得られる。

表 9.1 $P(n, k)$

n	k					
	3	4	5	6	7	8
10	0.508	0.245	0.109	0.047	0.020	0.008
20	0.787	0.478	0.250	0.122	0.058	0.027
30	0.908	0.639	0.368	0.192	0.095	0.046
40	0.960	0.750	0.468	0.256	0.131	0.065
50	0.983	0.827	0.552	0.315	0.165	0.084
100	1	0.973	0.810	0.546	0.318	0.170
200	1	1	0.966	0.801	0.544	0.320

ド・モアヴルの $P(10, 3)$ の値が出ているのがわかる。また、200 回はじいて 8 回続けて表が出る確率 $P(200, 8)$ は無視できないこともわかる。

表か裏か

もちろん、すべて表であれすべて裏であれ、「長い」繰り返しが現れるという事実こそが驚きをもたらすのだ。この状況を完全に解決するためには、実は、偏りのない硬貨を n 回はじくなかで、長さ k の表または長さ k の裏が続けて出る確率 $Q(n, k)$ を求めることができなければならない。

これを得るには、先の方法を逆にすればよいが、別の、もっときれいな進め方がある。

一連の表、あるいは裏は、まず表表あるいは裏裏が出て始まり、反

対の面が出て終わるので、表裏あるいは裏表となる——この4通りのいずれかになる確率は等しい。隣りあう対が同じという事象をSとし、違うという事象をDとして、SとDの並び方を考える。たとえば、表と裏の並びが

表　表　表　裏　裏　表　裏　表　表　裏　裏　裏　裏　表　表

の場合なら、それに応じて次のようなSとDの並びができる。

表　表　表　裏　裏　表　裏　表　表　裏　裏　裏　裏　表　表
　S　S　D　S　D　D　D　S　D　S　S　S　D　S

三つ続けてSがあれば、裏が4回続いていることになる。この新しい並びが元の並びより一つだけ少ないことに気づけば、

$Q(n, k)$ = 偏りのない硬貨をn回はじいたとき、長さkの表あるいは裏の並びが現れる確率を求める問題は、$Q(n, k)$ = 得られた$n-1$個のSとDの並びに長さ$k-1$のSが現れる確率を求める問題に帰着する。これは、$Q(n, k) = P(n-1, k-1)$で、これを使えば表9.2が作成できる。

表9.2 $Q(n, k)$

			k			
n	3	4	5	6	7	8
10	0.826	0.465	0.217	0.094	0.039	0.016
20	0.950	0.720	0.458	0.237	0.115	0.054
30	0.994	0.879	0.625	0.357	0.185	0.092
40	0.999	0.948	0.741	0.459	0.250	0.128
50	1	0.981	0.821	0.544	0.309	0.162
100	1	1	0.972	0.807	0.542	0.315
200	1	1	0.999	0.965	0.799	0.542

200回はじいて長さ8の連続が出てくる可能性は、そうならない可能性よりも高いことがわかる。教師が学生の関心をこの現象に向けるために、クラスの半分に、偏りのない硬貨を（たとえば）100回はじかせて、結果を名前入りの用紙に書き込ませ、残り半分は硬貨をはじいたかのようにデータを勝手に作らせるというのも、珍しい話ではない。表あるいは裏を5回あるいはそれ以上続けて書ける勇気のある学生は多くないだろうが、そうなる確率は97%あることがわかる。教師は個々のレポートについて間違っていると言って返せる可能性は3％しかない。アレシボのデータに戻ると、連続して0が37回並び、$Q(1679, 37) = 1.2 \times 10^{-8}$ となる。直観がいつも騙されるわけでもない。

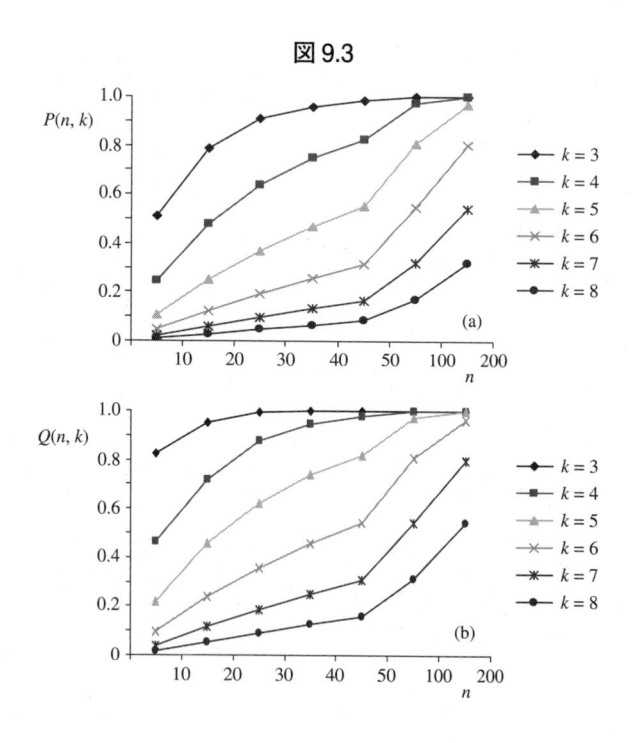

図9.3

図9.3は、$P(n, k)$ と、$Q(n, k)$ の傾向を、前掲の表のデータを使って示している。

無限大に向かうときのふるまい

n 回連続して表が出るまでどれだけ待つと予想されるかと問うこともできる。n 回連続して表が出るまでのはじく回数の期待値を E_n と書くとすれば、次のようにして再帰関係を立てることができる。

n 回連続して表がでるとすれば、$n-1$ 回連続して表が出て、もう1回表が出るか、結局裏が出て、最初からやりなおしになるかになる。そこから次の関係式が得られる。

$$E_n = \tfrac{1}{2}(E_{n-1} + 1) + \tfrac{1}{2}(E_{n-1} + 1 + E_n)$$

ここからすぐに $E_n = 2E_{n-1} + 2$ が得られる。

線形非等質再帰関係と呼ばれるものを扱う標準的な理論もあるが、ここでは $E_n = 2^{n+1} - 2$ という答えを想定し、それを帰納法を使って示すことにしよう。

関係式から、$E_1 = 2^{1+1} - 2 = 2 = 1 / (\tfrac{1}{2})$ で、幾何学的確率変数の理論から、つまり常識を使えば、これは明らかに成り立つ。今度は $n = k$ のときに成り立ち、$E_k = 2^{k+1} - 2$ とする。すると、$E_{k+1} = 2E_k + 2 = 2(2^{k+1} - 2) + 2 = 2^{k+2} - 2$ となり、帰納は完成した。

もっと難しいのは、硬貨を n 回はじく中で予想される最大の連続回数という問題だ。マーク・シリングらは、硬貨を n 回はじいて連続して表が出る最大の長さという確率変数を R_n として、次のことを示した（L. Gordon, M. F. Schilling and M. S. Waterman, 1986, "An extreme value theory for long head runs," *Probability Theory and Related Fields* 72: 279-87, and M. F. Schilling, 1990, "The longest run of heads," *The College Mathematics Journal* 21 (3): 196-207）。

$$E[R_n] = \log_2 \frac{n}{2} + \frac{\gamma}{\ln 2} - \frac{1}{2} + r_1(n) + \varepsilon_1(n),$$
$$V[R_n] = \frac{\pi^2}{6} \times \frac{1}{(\ln 2)^2} + \frac{1}{12} + r_2(n) + \varepsilon_2(n)$$

で、$\gamma = 0.577\cdots$ はオイラー定数である(この謎の数については、拙著『オイラーの定数ガンマ』Princeton University Press, 2003〔新妻弘訳、共立出版〕を参照のこと)。また、すべての n について $|r_1(n)| \leq 0.000016$ および、$|r_2(n)| \leq 0.00006$ となり、$n \to \infty$ のとき、$\varepsilon_1(n)$, $\varepsilon_2(n) \to 0$ となる。

そこで、n が増大すると、

$$E_n = \tfrac{1}{2}(E_{n-1} + 1) + \tfrac{1}{2}(E_{n-1} + 1 + E_n)$$

という推定が得られる。また、分散はほぼ

$$V[R_n] \approx \frac{\pi^2}{6} \times \frac{1}{(\ln 2)^2} + \frac{1}{12} \approx 3.507$$

で一定し、標準偏差は1.873だという顕著な事実があるので、連続する最大の長さの推定は、非常に正確だということがわかる。

シリングは後の論文で、こう指摘している。

連続回数理論の応用できそうな範囲はほとんど際限がない。面白そうなものをいくつか挙げれば、デジタル化したスキャニングによる手書き文字の分析、水循環の流れ(洪水やひでり)、被捕食者が捕らえられるパターンなどがある。

第10章

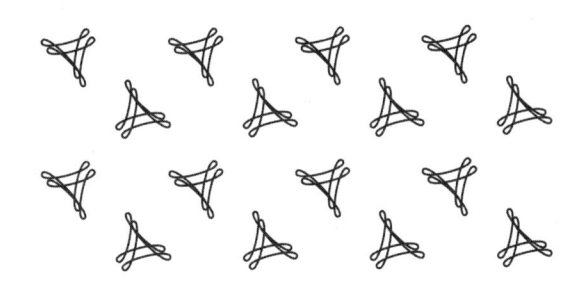

ワイルド・カードつきポーカー

この結果は、ある面では組合せ数学〔離散的〕であり、ある面では実数の数学〔連続的〕である。

——A・ジョセフ

ポーカーの手

ポーカーは、1800年頃、今のルイジアナ州のどこかで考案され、その後、腕と運による奥の深い勝負へと発達してきた。名のある専門家が世界中にいて、ブリッジの方で有名な故テレンス・リーズさえ、『ポーカー——腕の勝負』という本の共著者となっている。いろいろな変種があり、標準的なルールに新奇なところ、微妙なところが加わっているが、個々の変種の詳細がどうあれ、何らかの手の序列はある。まず標準的な手を強い順に挙げてみよう（表10.1）。

ストレート・フラッシュ——同じマークの札が順に5枚並ぶ。
フォーカード——同じ数の札4枚と、それ以外の札が1枚。
フルハウス——同じ数の札が3枚と、別の数の札が2枚そろう。
フラッシュ——同じマークの数が5枚そろうが、順番ではない。
ストレート——数の順に5枚が並ぶが、マークは同じではない。

スリーカード——同じ数が3枚で、残りの2枚はばらばら。
ツーペア——同じ数の札が2枚の組が二つできる。
ワンペア——同じ数の札が2枚あり、あとはばらばら。
カードハイ——それ以外のすべて。

表 10.1　標準的なポーカーの手の序列

ロイヤル・フラッシュ	10 ♠	J ♠	Q ♠	K ♠	A ♠
ストレート・フラッシュ	3 ♣	4 ♣	5 ♣	6 ♣	7 ♣
フォーカード	K ♥	K ♦	K ♣	K ♠	4 ♥
フルハウス	10 ♦	10 ♥	10 ♠	A ♥	A ♠
フラッシュ	8 ♠	Q ♠	2 ♠	5 ♠	6 ♠
ストレート	6 ♥	7 ♣	8 ♠	9 ♠	10 ♦
スリーカード	7 ♠	7 ♥	7 ♦	J ♣	A ♠
ツーペア	A ♣	A ♥	6 ♠	6 ♣	J ♠
ワンペア	J ♠	J ♦	2 ♥	5 ♣	9 ♠

この序列はそれぞれの手が誰かのところでできる可能性によって決められている。考え方を見るために、52枚のカードの山から各人に5枚ずつ配るだけという、ごく単純なポーカーを考えよう。分析といっても数え上げるだけで、順番は無視して n 個の中から r 個の選び方は何通りあるかを表す、おなじみの組合せの公式、

$$\binom{n}{r} = \frac{n!}{r!(n-r)!}$$

を使うと簡単になる。

序列づくり

ストレート・フラッシュ

手全体は、いちばん小さい数が決まれば自動的に他の数も決まる。最小の数はA、2、3……10まででありえて、それぞれが四つのマーク

の中の一つなので、$10 \times 4 = 40$ 通りのストレート・フラッシュがありうる。

フォーカード

まず、他の3枚とそろえるべきカードを選び、それから仲間はずれのカードを1枚選べば、フォーカードができる。最初のカードの選び方は13通りあり（マークは無関係）、それを取ると、残りは48枚で、ありうる手は $13 \times 48 = 624$ 通りのフォーカードがありうる。

フルハウス

まず他の2枚とそろえるべきカードを選ぶ。これは13通りある。それから四つのマークから三つを選ぶ組合せの数を掛ける。これは $\binom{4}{3}$ 通りなので、$13 \times \binom{4}{3}$ 通りがありうる。残りの2枚のうち1枚めの選び方は12通りあり、4通りあるマークから二つを選ぶ可能性は $\binom{4}{2}$ 通りなので、$12 \times \binom{4}{2}$ 通りがありうる。したがって、ありうる組合せは

$$13 \times \binom{4}{3} \times 12 \times \binom{4}{2} = 3744$$

となる。

フラッシュ

一つのマークの選び方は4通りあり、選んでしまうとそこから5枚の選び方は $\binom{13}{5}$ 通りなので、$4 \times \binom{13}{5}$ 通りがありうる。そこからストレート・フラッシュの40通りを引いて、$4 \times \binom{13}{5} - 40 = 5108$ 通りとなる。

ストレート

「循環する」ストレート（JQKA2）はないものとする。ストレートは、ストレート・フラッシュのときと同様、いちばん下のカードで決まる

ので、40 通りが考えられる。残りの 4 枚のカードは四つのマークどれでもいいので、40×4^4 通りあり、そのうちの 40 通りはストレート・フラッシュとなるので、合計は $40 \times 4^4 - 40 = 10200$ 通りとなる。

スリーカード

フルハウスのときに見たように、スリーカードの選び方は $13 \times \binom{4}{3}$ 通りあり、4 枚めは同じ数からは選べないので、残りの 2 枚は 48 枚の中から選ばなければならない。これは $\binom{48}{2}$ 通りある。全部をとるとフルハウスの分が入るので、3744 通りを引くと、$13 \times \binom{4}{3} \times \binom{48}{2} - 3744 = 54912$ 通りの手がありうる。

ツーペア

ツーペアができるには、まず 1 枚を選び、それとそろえる次の数を選んで第 1 のペアとしなければならない。これは $13 \times \binom{4}{2}$ 通りとなる。それから最初のペアと同じにならないように、残りの 48 枚から選ばなければならない。それに他のマークの同じ数を合わせるので、$12 \times \binom{4}{2}$ 通りとなる。5 枚めのカードはどちらのペアともそろわないように選ばなければならないので、44 枚の中から選ぶことになる。さらに、先に調べた二つのペアは K Q と Q K のようにだぶって出ているので、全体を半分にしなければならない。結局 $13 \times \binom{4}{2} \times 12 \times \binom{4}{2} \times 44 \times 1/2 = 123552$ 通りとなる。

ワンペア

ペアが一つだけできて、他に何もない手になるには、まずワンペアを $13 \times \binom{4}{2}$ 通りの中から選び、残り 3 枚を、そろわないように選ばなければならない。そのためには、カードを選び、それと同じ数のカードは捨て、残り 48 枚から一つ選び、またそれと同じカードを捨てて残りからというふうに選ばなければならない。これは $48 \times 44 \times 40$ 通りありうる。したがってワンペアの選び方は全部で $13 \times \binom{4}{2} \times 48 \times 44 \times 40 = 1098240$ 通りとなる。

ばらばら

残りの選択肢は、5枚がばらばらの場合で、これはありうる手全体から、これまでの手の数の合計を引くことで求められる。これは、

$$\binom{52}{5} - 624 - 3744 - 5108 - 10\,200 - 54\,912 - 123\,552 = 1\,302\,540$$

通りとなる。

以上をまとめると表10.2のようになる。ここでは単純にそれぞれの頻度を$\binom{52}{5}$で割ることで確率も求めており、手はそれが生じる確率の値の昇順で並べている。表のオッズの計算は、ある事象が起きるオッズが$a:b$で与えられるなら、その事象が起きる確率は$b/(a+b)$となるという理解による。今の話では、$b=1$なので、$p=1/(a+1)$で、$a=1/p-1$となる。

表10.2 ポーカーの手の自然な頻度

手	頻度	確率	オッズ
ストレート・フラッシュ	40	0.0000154	64973:1
フォーカード	624	0.000240	4164:1
フルハウス	3744	0.00144	693:1
フラッシュ	5108	0.00197	508:1
ストレート	10200	0.00392	254:1
スリーカード	54912	0.0211	46:1
ツーペア	123552	0.0475	20:1
ワンペア	1098240	0.423	1.37:1
ばらばら	1302540	0.501	0.995:1

ワイルドカード・ポーカー

これまでは、標準の手につけられる序列の根拠とすべく、ややこしいとはいえ、ただただ計算しただけだった。今度は、ワイルドカードを入れるという、最もありふれた変化について考えてみよう。ここでもいろいろな可能性はあるが、ジョーカーを1枚だけ入れて、どん

なカードの代わりでもできるものとする。確率は計算し直す必要があり、それによって、先ほどより少々微妙なところが出てくる。

ファイブカード

同じ数が4枚にジョーカーがそろうとこの新しい手になる。可能性は13通り。

ストレート・フラッシュ

ジョーカーが代理をするカードに注意を要する。手の中で最小の数はAから9までで、すべて同じようにふるまうので、Aが最小のときを考える。ジョーカーを∗とすると、

$$\begin{pmatrix} A234* \\ A23*5 \\ A2*45 \\ A*345 \end{pmatrix}$$

という組合せが、どのマークについてもありうる。∗2345の可能性は、もっと強い手となる2345∗、つまり23456の方で数えることになる。この残りひとつの可能性の繰り上げは、最後の可能性、つまり最小のカードが10のときには生じない。このときは、単純に5通りめができたと考える（循環するストレートはないことを忘れないように）。数えると、

$$4 \times (9 \times 4 + 5) = 164$$

通りがありうることになる。これとジョーカーなしの場合の40通りを足すと、全部で204通りとなる。

フォーカード

ジョーカーなしのときには624通りあることはわかっている。そ

れとともに、スリーカードとジョーカー、仲間はずれが1枚必要となる。これは、

$$624 + \binom{13}{1} \times \binom{4}{3} \times 1 \times \binom{48}{1} = 3120$$

通りであることを意味する。

フルハウス

まず慎重に進めなければならない。当然、ジョーカーなしの3744通りか、ツーペアにジョーカーが加わった形のものがある。スリーカードにジョーカーを加えるのではないことに注意しよう。それではもっと高いフォーカードになってしまう。したがって、手の数は、

$$3744 + \binom{13}{2} \times \binom{4}{2} \times \binom{4}{2} \times 1 = 3744 + 78 \times 6 \times 6 = 6552$$

通りとなる。

フラッシュ

推論はこれまでと同様で、同じマークのカードが4枚必要で、これは、$4 \times \binom{13}{4} = 2860$ 通り。ストレート・フラッシュになる分を引いて、2860 − 164 = 2696 通り。さらに、ジョーカーなしの場合を足して、2696 + 5108 = 7804 通りとなる。

ストレート

あらためて、いちばん小さい数がAから9までのときと、最も高いストレートの1通りを別々に考えよう。下の9通りのストレートについては、必要な4枚のカードの選び方は、4種類のマークどれでもよいので 4^4 通りあり、ジョーカーの位置がそれぞれ4通りあり、その可能性が9通りあるので、$4^4 \times 4 \times 9$ 通りの可能性がある。これ

に最高のストレートの場合が $4^4 \times 5$ 通りある。ストレート・フラッシュの場合を引かなければならないので、$4^4 \times 4 \times 9 + 4^4 \times 5 - 164 = 10332$ 通りとなる。これにジョーカーなしのときの可能性を加えると、総計は $10332 + 10200 = 20532$ 通りとなる。

スリーカード

ジョーカーなしの54912通りに、ワンペア、ジョーカー、対象外が2枚の場合があり、

$$54\,912 + \binom{13}{1} \times \binom{4}{2} \times 1 \times \binom{12}{2} \times \binom{4}{1} \times \binom{4}{1} = 137\,280$$

通りとなる。

ツーペア

これができるには、ジョーカーがあってはならない。ペアが一つとジョーカーがあれば、高い方のスリーカードとなるはずだからだ。したがって、可能性の数は、ジョーカーなしのときと同じ、123552通りとなる。

ばらばら

ワンペアの方が計算しにくいので、そちらが計算しやすくなるように、順番を変えてこちらを先に計算する。ばらばらになるのは、ジョーカーがなくて、カードがばらばらのときだ。これは1302540通りであることはすでに見た。

ワンペア

これでワンペアの場合は消去法を使って計算できる。

$$\binom{53}{5} - 13 - 204 - 3120 - 6552 - 7804 - 20\,532$$
$$- 137\,280 - 123\,552 - 1\,302\,540 = 1\,268\,088$$

通りとなる。

計算結果から表 10.3 ができる。頻度を $\binom{53}{5} = 2869685$ で割って、確率を求めてある。

図 10.3　ジョーカー 1 枚のときのポーカーの手の頻度

手	頻度	確率	オッズ
ファイブカード	13	0.0000045	220744 : 1
ストレート・フラッシュ	204	0.000071	14083 : 1
フォーカード	3120	0.001087	919 : 1
フルハウス	6552	0.002283	437 : 1
フラッシュ	7804	0.00272	367 : 1
ストレート	20532	0.00715	139 : 1
スリーカード	137280	0.04783	20 : 1
ツーペア	123552	0.04305	22 : 1
ワンペア	1268088	0.44189	1.26 : 1
ばらばら	1302540	0.45390	1.20 : 1

確かに、オッズは変化しているし、とくにツーペアとスリーカードのところが無視できない。ここのオッズは 20 : 1 と 46 : 1 から 22 : 1 と 20 : 1 になっている。スリーカードの方が、ツーペアよりもできやすいことになる。できる可能性の高さによって手の序列をつけるなら、表の両者の位置を逆転しなければならない。ところが、そうすると、ジョーカーつきでスリーカードとなる手ができたプレーヤーに対して及ぼしそうな影響を見てみよう。手をスリーカードと見るのではなく、ツーペアとした方が賢いだろう。そうなると、スリーカードになりうるのは、ジョーカーがない場合の 54912 通りだけとなり、一方、ツーペアの方はジョーカーなしの 123552 通りに 82368 通りが追加されることになる。ツーペアとスリーカードのオッズはそれぞれ 13 : 1 と 34 : 1 となり、またまた順序が逆転する。結局どうしようもない

ジレンマが残る。できる頻度を元にすると、手の序列はきちんとつかない。

ジョーカーが2枚になると、表10.4に見えるように、状況はもっと悪くなる。ここでもスリーカードとツーペアの順序が間違っているが、ワンペアとばらばらも違っている。それに加えて、フォーカードとフルハウスは同じ頻度になる。前と同様、こうしたことをすべて計算に入れると、手の序列づけに混乱が生じる。

表10.4　ジョーカー2枚のときのポーカーの手の頻度

手	頻度	確率	オッズ
ファイブカード	78	0.000 025	39 999 : 1
ストレート・フラッシュ	564	0.000 179	5 586 : 1
フォーカード	9 360	0.002 960	337 : 1
フルハウス	9 360	0.002 960	337 : 1
フラッシュ	11 448	0.003 620	275 : 1
ストレート	30 540	0.009 657	103 : 1
スリーカード	233 584	0.073 860	12.5 : 1
ツーペア	123 552	0.039 068	24.6 : 1
ワンペア	1 440 464	0.455 481	1.2 : 1
ばらばら	1 303 560	0.412 192	1.4 : 1

もちろん、ワイルドカードについては他の選択肢もありうる。たとえば2をワイルドカードにするといったことだ。しかしどんな方式を使おうと、自分の手を何と宣言するかについて選択肢が残るという問題は残り、その選択によって、今度は了承されているルールでありうる最強の手が必ずできてしまう。ワイルドカードがどれだけゲームを変えるかは、何度も分析されている。『チャンス』誌に出た記事（J. Emert and D. Umbach, 1996, "Inconsistencies of 'wild-card' poker", *Chance* 9 (3): 17）を例にとろう。著者のワイルドカードつきポーカーの分析は、次のようにしめくくられている。

ワイルドカードが認められると、できる頻度が低い手の方が強い

という理由では、手の序列はつかない。

たとえば、2をワイルドカードにすれば、フォーカードはフルハウスよりも頻度が2倍以上になり、上記のルールを変更すれば、同様の矛盾した状況になる。その上で、二人はいくつかのワイルドカードの選択肢を検討し、標準の序列は他の序列方式よりも矛盾が少ないこともわかった。

こうした問題で混乱せず、認められる序列方式は存在するだろうか。エマートとウンバッハは、手の「もろもろこみの頻度」と自分たちで呼ぶものに基づく方式を提案する。これは、与えられた手から宣言されるいろいろな強い手の数を表す。二人による方法からは、ワイルドカードなしのポーカーの伝統的な序列が出て来て、ワイルドカードの導入に伴って生じる曖昧さを処理する——しかし、それがポーカーをする人々にとって魅力的になるかどうかは、まったく別の問題だ。

第11章

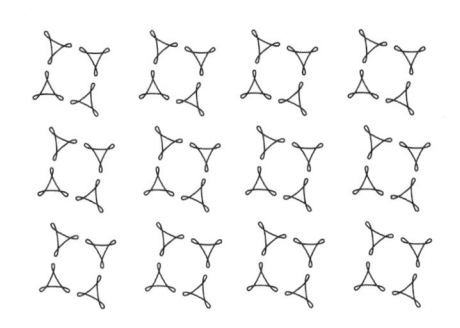

二つの級数

有限のものが無限級数を含むように
無限の中に限界が現れるように
ささいなことにも巨大な魂が宿り
範囲は狭くとも、その中にはいかなる限りもない。
無限の中に細かいものを識別する楽しさ。
小さい中に認識される広大なものの何という神々しさ

——ヤーコプ・ベルヌーイ

トリチェリの塔

前著では、トリチェリのラッパと呼ばれる逆説的な立体のことを取り上げた。この特筆すべきものがどういうものかは図 11.1 に示した。これは、たとえば曲線 $y = 1/x$ を $x \geq 1$ について回転すると得られ、微積分を使えば、ラッパ形の体積は有限だが表面積は無限大となることがわかる。必要な計算は以下の通りで、体積は

$$\lim_{N\to\infty} \pi \int_1^N \left(\frac{1}{x}\right)^2 dx = \lim_{N\to\infty} \pi \int_1^N \frac{1}{x^2} dx$$
$$= \lim_{N\to\infty} \pi \left[-\frac{1}{x}\right]_1^N$$
$$= \lim_{N\to\infty} \pi \left(1 - \frac{1}{N}\right)$$
$$= \pi$$

であり、表面積は、

$$\lim_{N\to\infty} \int_1^N \frac{1}{x}\sqrt{1 + \frac{1}{x^4}}\, dx$$
$$= \lim_{N\to\infty} \int_1^N \frac{\sqrt{x^4+1}}{x^3}\, dx$$
$$= \lim_{N\to\infty} \left\{-\frac{1}{2N^2}\sqrt{N^4+1} + \tfrac{1}{2}\ln(N^2 + \sqrt{N^4+1}) \right.$$
$$\left. + \frac{\sqrt{2}}{2} - \tfrac{1}{2}\ln(1+\sqrt{2})\right\}$$

で、第2項はNを大きくしたときに値にきりがないので、この式の値は存在しない。

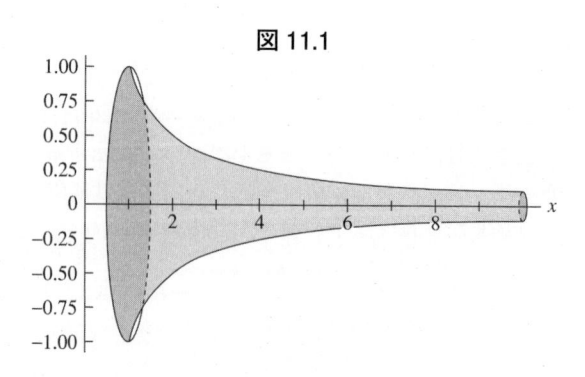

図 11.1

体積の計算は易しい。表面積の方は比較的難しく、部分積分や置換積分の手法が必要となる。もちろん（前著で見たように）、二つめの積分で、

$$\int_1^N \frac{1}{x}\sqrt{1+\frac{1}{x^4}}\,dx > \int_1^N \frac{1}{x}\,dx = [\ln x]_1^N$$

に気がつけば、これは確実に発散するので、ずっと楽になっただろう。

実は、ラッパ形を水平の塔に囲い込んで体積と表面積の様子を（正確な値ではなくても）はっきりさせられれば、積分そのものをしなくてもすんだ。ウェディングケーキを横にしたような形で、区分関数

$$f(x) = \begin{cases} 1, & 1 \le x < 2, \\ \frac{1}{2}, & 2 \le x < 3, \\ \frac{1}{3}, & 3 \le x < 4, \\ \vdots & \vdots \\ \frac{1}{n}, & n \le x < n+1 \end{cases}$$

を x 軸のまわりに回転するとできる。図 11.2 がこの関数（縦の線分を含む）を、$y = 1/x$ のグラフに重ねたところを示し、図 11.3 は x 軸のまわりの回転でできる無限の塔を示している。

図 11.2

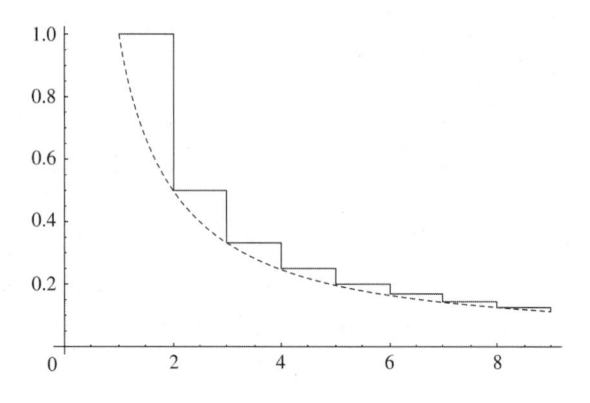

図 11.3

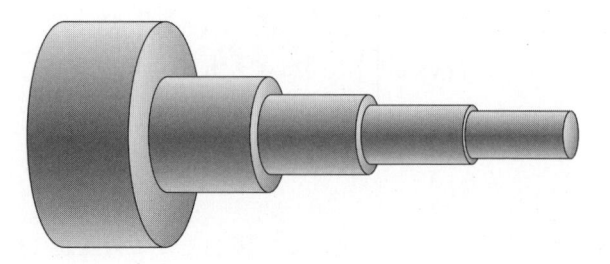

それぞれの横の線分が表面積の成分を生み、それぞれが対応する曲線の線分よりも小さく、したがって、塔の表面積を計算すると、ラッパ形の表面積よりは小さくなる。この計算は、

$$\text{ラッパ形の表面積} > \sum_{n=1}^{\infty} 2\pi \left(\frac{1}{n}\right) \times 1 = 2\pi \sum_{n=1}^{\infty} \frac{1}{n}$$

で、切片の輪の面積を正確に計算に入れたいなら、最初の部分の底面積を入れる——つまり π を加える。

この体積を処理するために、ラッパ形はすべて塔に収まり、した

がって塔の体積は、ラッパ形の体積（結局それは π だということはわかっているが）よりも必ず大きいことを認識しよう。そこで計算はこうなる。

$$\text{ラッパ形の体積} < \sum_{n=1}^{\infty} \pi \left(\frac{1}{n}\right)^2 \times 1 = \pi \sum_{n=1}^{\infty} \frac{1}{n^2}$$

概算は、二つの無限級数

$$\sum_{n=1}^{\infty} \frac{1}{n} \quad \text{と} \quad \sum_{n=1}^{\infty} \frac{1}{n^2}$$

の和に帰着される。最初の方は、初項以外の各項が両側の調和平均となるため、広く「調和級数」と呼ばれる。x と y の調和平均は、

$$\frac{2}{1/x + 1/y}$$

と定義される〔逆数の平均の逆数〕。調和級数では、

$$\frac{2}{\dfrac{1}{1/(n-1)} + \dfrac{1}{1/(n+1)}} = \frac{2}{n-1+n+1} = \frac{1}{n}$$

となる。もう一つの和の方には標準的な名はないが、「オイラー級数」と呼ぶことができる。

ゼノンの「二分割の逆説」が登場して以来、有限の和に収束する無限級数という考え方は、数学哲学者の試金石となっている——項はいくらでも小さくなりえても、その和はいくらでも大きくなりうるというのは、無限についての理解をさらに深くテストしてきた。物体が与えられた距離 d を進む前に、$d/2$ の距離を進まなければならず、そこ

二つの級数　143

まで行くには、まず $\frac{1}{2}(d/2) = d/4$ のところまで進まなければならないというゼノンの単純な論法は、どこまでも続き、結局 d 全体を進むことは決してできないという結論に至る。一見すると逆説と思えるものは、後に、$\sum_{r=1}^{\infty} 1/2^r$ がちょうど 1 となる、無限等比級数の和の理論を使って解決された。「半分ずつ」を無限回繰り返すと、距離が短くなる分、必要な時間がだんだん小さくなることで埋め合わされ、そのうち物理的状況の純粋な数学的モデルは成り立たなくなる。右で触れた二つの級数は、無限の歴史と驚きの博物館の中に独自の位置を占めている。

調和級数

今日、私は微積分学の学生に「きっと皆さんはこの級数を見ていますが、私が注意していることは見えていないでしょう。これを見て『この級数を信用する。こいつは大丈夫。一緒に車に乗ってもいい』と思う。でも私は注意しておきますが、この級数は虎視眈々、皆さんをねらっています。絶対忘れないでください。調和級数は発散します。そのことを忘れないように」と言った。

マンチェスター大学の数学者アレクサンダー・ボロヴィックは、級数 $H_{\infty} = 1 + \frac{1}{2} + \frac{1}{3} + \frac{1}{4} + \frac{1}{5} + \cdots$ についてそう書いている。解析の授業が始まったばかりのほとんどすべての学生に、項がゼロに近づくのに発散する級数のお手本のような例として紹介されるのは、この級数だ。任意の項までの和を正確に表す、便利な明示的な式がないという点でも、この級数はとくに厄介だ。高名な数学者ジェームズ・グレゴリーは、当時としては無限級数やその収束について深い理解を有していたが、1671 年 2 月 15 日付の手紙にこんなことを書いている。

> いただいた 12 月 24 日付のお便りについて、私は調和数列を足すための簡素で幾何学的な一般的方法が何かあるとは、実際に見るまではまず信じられません……

$H_1 = 1, H_2 = 1.5, H_6 = 2.45$ となることは明らかで、その後は $H_{100} = 5.187..., H_{1000} = 7.486..., H_{1000000} = 14.392...$ となるが、それがわかるにはコンピュータの力が必要になることが、だんだんはっきりしてくる。

それぞれの数の尻尾にある点々に目を留めよう。どこまでも正確にわかるが、正確に書くことはできない。n が 1, 2, 6 以外のときには、H_n は必ず小数は止まらないことが証明できる。何より、和は小さいことにも注目しよう。ジョン・W・レンチ2世とラルフ・P・ボアス2世による著作でも力をこめて書かれていることだ。二人は $H_n > 100$ となる最小の n を求めた。その n は、

15 092 688 622 113 788 323 693 563 264 538 101 449 859 497

となる (John W. Wrench Jr. and Ralph P. Boas Jr., "Partial sums of the harmonic series," 1971, *American Mathematical Monthly* 78: 864-70)。H_n の大きさの増え方が、このように氷河のように遅いことから、それが必ず収束し、それもかなり小さい数になるという考えを強く促す。それが収束しないことは、14世紀フランスの博学の人、ニコラス・オレームが初めて確かめ、その後何人かの人々も確かめている。

発散する調和級数

最初の証明から近代のものまで、4種類の証明を再現して、何世紀にもわたる発散の取り上げ方について、いくらかでも雰囲気を伝えてみよう。

14世紀のオレームによる証明は次のようなものだった。無限個の和を、

$$H_\infty = 1 + \tfrac{1}{2} + (\tfrac{1}{3} + \tfrac{1}{4}) + (\tfrac{1}{5} + \tfrac{1}{6} + \tfrac{1}{7} + \tfrac{1}{8})$$
$$+ (\tfrac{1}{9} + \tfrac{1}{10} + \tfrac{1}{11} + \tfrac{1}{12} + \tfrac{1}{13} + \tfrac{1}{14} + \tfrac{1}{15} + \tfrac{1}{16}) + \cdots$$

のように項を集めて書く。それぞれの（　）には、$n = 1, 2, 3, \ldots$ として、$1/2^{n+1}$ で終わる 2^n 個の項がある。すると、それぞれの（　）の中の最小の数をとり、

$$H_\infty > 1 + \tfrac{1}{2} + (\tfrac{1}{4} + \tfrac{1}{4}) + (\tfrac{1}{8} + \tfrac{1}{8} + \tfrac{1}{8} + \tfrac{1}{8})$$
$$+ (\tfrac{1}{16} + \tfrac{1}{16} + \tfrac{1}{16} + \tfrac{1}{16} + \tfrac{1}{16} + \tfrac{1}{16} + \tfrac{1}{16} + \tfrac{1}{16}) + \cdots$$
$$= 1 + \tfrac{1}{2} + \tfrac{2}{4} + \tfrac{4}{8} + \tfrac{8}{16} + \cdots$$
$$= 1 + \tfrac{1}{2} + \tfrac{1}{2} + \tfrac{1}{2} + \tfrac{1}{2} + \cdots$$

とすると、これはもちろん発散する〔したがって、それより大きい H_∞ も発散する〕。

17 世紀に移ると、ピエトロ・メンゴーリが、暗黙のうちに、異なる数による集合の調和平均は相加平均よりも小さいという、隣りあう項の調和平均の関係を使った。この級数が、

$$H_\infty = 1 + (\tfrac{1}{2} + \tfrac{1}{3} + \tfrac{1}{4}) + (\tfrac{1}{5} + \tfrac{1}{6} + \tfrac{1}{7}) + (\tfrac{1}{8} + \tfrac{1}{9} + \tfrac{1}{10}) + \cdots$$

とまとめられるとすると、

$$\frac{1}{n-1} + \frac{1}{n+1} = \frac{2n}{n^2 - 1} > \frac{2n}{n^2} = \frac{2}{n}$$

なので、それぞれのかっこの中の三つ組のうち、外側の二つの項の和は、まん中の項の 2 倍よりも大きく、つまり

$$H_\infty > 1 + \tfrac{3}{3} + \tfrac{3}{6} + \tfrac{3}{9} + \cdots = 1 + 1 + \tfrac{1}{2} + \tfrac{1}{3} + \cdots = 1 + H_\infty$$

となって、これは H_∞ が一定の値に収束することと明らかに矛盾する。

18世紀には、ヤーコプ・ベルヌーイが調和級数を、最初の項を切り取って、残りを文字 A で書いた。つまり、

$$A = \tfrac{1}{2} + \tfrac{1}{3} + \tfrac{1}{4} + \tfrac{1}{5} + \tfrac{1}{6} + \cdots$$

で、さらに、さほど必要ではないが、文字 B で、分子の方を 1, 2, 3, 4, 5, ... としたものを表した。

$$B = \tfrac{1}{2} + \tfrac{2}{6} + \tfrac{3}{12} + \tfrac{4}{20} + \tfrac{5}{30} + \cdots$$

となる。ここではこちらは無視して、どちらも A とする。

そこでベルヌーイはライプニッツによる

$$1 + \tfrac{1}{3} + \tfrac{1}{6} + \tfrac{1}{10} + \tfrac{1}{15} + \cdots = 2$$

という結果を使う。これはつまり、全体を半分として、

$$\tfrac{1}{2} + \tfrac{1}{6} + \tfrac{1}{12} + \tfrac{1}{20} + \tfrac{1}{30} + \cdots = 1$$

ということだ。以下、次のように定義される。

$$
\begin{aligned}
C &= \tfrac{1}{2} + \tfrac{1}{6} + \tfrac{1}{12} + \tfrac{1}{20} + \tfrac{1}{30} + \cdots = 1, \\
D &= \tfrac{1}{6} + \tfrac{1}{12} + \tfrac{1}{20} + \tfrac{1}{30} + \cdots \quad = C - \tfrac{1}{2} = 1 - \tfrac{1}{2} = \tfrac{1}{2}, \\
E &= \tfrac{1}{12} + \tfrac{1}{20} + \tfrac{1}{30} + \cdots \quad\quad = D - \tfrac{1}{6} = \tfrac{1}{2} - \tfrac{1}{6} = \tfrac{1}{3}, \\
F &= \tfrac{1}{20} + \tfrac{1}{30} + \cdots \quad\quad\quad\quad = E - \tfrac{1}{12} = \tfrac{1}{3} - \tfrac{1}{12} = \tfrac{1}{4}, \\
G &= \tfrac{1}{30} + \cdots \quad\quad\quad\quad\quad\quad = F - \tfrac{1}{20} = \tfrac{1}{4} - \tfrac{1}{20} = \tfrac{1}{5}, \\
&\;\vdots \quad\quad\quad\quad\quad\quad\quad\quad\quad\quad \vdots
\end{aligned}
$$

左辺を縦に足し、中央の列は右上から左下へ斜めにたどり、最右列は

縦に足すと、次のようになる。

$$
\begin{aligned}
C &+ D + E + F + G + \cdots \\
&= \tfrac{1}{2} + (\tfrac{1}{6} + \tfrac{1}{6}) + (\tfrac{1}{12} + \tfrac{1}{12} + \tfrac{1}{12}) + (\tfrac{1}{20} + \tfrac{1}{20} + \tfrac{1}{20} + \tfrac{1}{20}) \\
&\quad + (\tfrac{1}{30} + \tfrac{1}{30} + \tfrac{1}{30} + \tfrac{1}{30} + \tfrac{1}{30}) + \cdots \\
&= \tfrac{1}{2} + \tfrac{2}{6} + \tfrac{3}{12} + \tfrac{4}{20} + \tfrac{5}{30} + \cdots \\
&= A = 1 + \tfrac{1}{2} + \tfrac{1}{3} + \tfrac{1}{4} + \tfrac{1}{5} + \cdots \\
&= 1 + A
\end{aligned}
$$

ベルヌーイはここから、「全体が部分に等しい」という結論を出している。すでに7章でそういうことはありうるのは見たが、このときのベルヌーイは、陥った矛盾から逃れられなかった。この結果は死後に出版された『推論術』に、「最後の項が消えてしまう無限級数の和は無限かもしれないし有限かもしれない」という重要な認識とともに出てくる。本章冒頭に引いた詩文の元になる作用をした、落ち着かない認識だ。

最後に、現代の証明を。ロス・ホンズバーガーは、1976年の著書『数学の宝石2』(Honsberger, *Mathematical Gems II*, Mathematical Association of America) で、読者に、以下の論証を考えさせた。

$$
\begin{aligned}
e^{H_n} &= e^{1+1/2+1/3+1/4+1/5+\cdots+1/n} \\
&= e^1 \times e^{1/2} \times e^{1/3} \times e^{1/4} \times \cdots \times e^{1/n}
\end{aligned}
$$

$x > 0, e^x > 1 + x$ なので、

$$
\begin{aligned}
e^{H_n} &> (1+1) \times \left(1 + \tfrac{1}{2}\right) \times \left(1 + \tfrac{1}{3}\right) \times \left(1 + \tfrac{1}{4}\right) \times \cdots \times \left(1 + \tfrac{1}{n}\right) \\
&= \left(\tfrac{2}{1}\right) \times \left(\tfrac{3}{2}\right) \times \left(\tfrac{4}{3}\right) \times \cdots \times \left(\tfrac{n+1}{n}\right) = n + 1
\end{aligned}
$$

とならなければならない。これはe^{Hn}、ひいてはH_nが、nが増えると際限なく増えることを意味する。

調和級数が発散するという事実は、14世紀から21世紀に至るまで、多くの人々を驚かせ、衝撃をもたらし、そこから、トリチェリのラッパどころではない反響が広がった。その反響については、読者も探ってみたいのではなかろうか。

オイラー級数

ラッパ形の体積は、次に取り上げる級数を含んでいるが、この級数には、奇妙なことに、一般に認められている名がついていない。この場合には、容易に収束することがわかる。

$$S_\infty = 1 + \frac{1}{2^2} + \frac{1}{3^2} + \frac{1}{4^2} + \cdots$$
$$= 1 + \left(\frac{1}{2^2} + \frac{1}{3^2}\right) + \left(\frac{1}{4^2} + \frac{1}{5^2} + \frac{1}{6^2} + \frac{1}{7^2}\right) + \cdots$$

で、それぞれの（ ）には、$1/2^{2n}$で始まる2^n項がある。

これはつまり、

$$S_\infty < 1 + \frac{2}{2^2} + \frac{4}{4^2} + \cdots$$
$$= 1 + \frac{1}{2} + \left(\frac{1}{2}\right)^2 + \left(\frac{1}{2}\right)^3 + \cdots = \frac{1}{1-1/2} = 2$$

ということで、最後の級数は、公比$\frac{1}{2}$の無限等比級数となる。したがってこの級数は収束し、2よりは小さいことになる。当然、では正確にいくらになるのかという問いが出てくる。

この級数の和を求めるという問題は、1644年にまでさかのぼる。ピエトロ・メンゴーリは、この和が正確にいくらになるかと尋ねられ、

この問題に因縁ができた。その後、この問題は、ジョン・ウォリス、ゴットフリート・フォン・ライプニッツ、ヤーコプ・ベルヌーイなど、数学人名辞典の錚々たる数学者が取り組んだ。ベルヌーイは1689年にバーゼルで刊行された『無限級数論』にこう書いている。

> これまでわれわれの傾けた努力を逃れているものを、どなたかが求め、教えてくれれば、大いに感謝するところとなるだろう。

こうして、この無限級数の正確な和を特定する問題は、「バーゼル問題」と呼ばれるようになった。モンツエラによれば、「解析学者の雑踏」だった。

ここでも、n項の和を表す明示的な公式はないし、収束のしかたも実に遅く、和の正確な推定を難しくしている——そのために、収束する値そのものの認識も難しい。ジョン・ウォリスという、ニュートン以前のイギリスで最高の数学者は、この値を1.645と計算した。これは実に見事な結果で、現代の計算ソフトを使えば、ひたすら計算して、次のような値が出る。

$$S_n = 1 + \frac{1}{2^2} + \frac{1}{3^2} + \frac{1}{4^2} + \frac{1}{5^2} + \cdots + \frac{1}{n^2},$$
$$S_{100} = 1.63498\ldots,$$
$$S_{1000} = 1.64393\ldots,$$
$$S_{1\,000\,000} = 1.64493\ldots.$$

このようなソフトがあり、N・J・A・スローンの「整数列オンライン百科」(http://research.att.com/~njas/sequences/) のようなものが使える現代の数学者には、わけもないことだ。1、6、4、4、9、3と打ち込むと、この数字の列がある唯一の項目が返ってくる。$\zeta(2) = \pi^2/6$ である。

1735年、スイスの天才レオンハルト・オイラーが、いちじるしい手間をかけてこの驚くべき答えを出し、そのためこの数列はオイラー

の名で呼ばれる。オイラーにとっては、和にπが出てくるのはとても驚くべきことで、現代人の目にも、初めて見るときにはそう映る。オイラーは「まったく予想外に、円積問題〔円の面積に等しい正方形を作図する。ここでは平方とπが等号でつながることを指している〕が含まれるすっきりした式を見つけた」と書いている。ここでいう円とはπのことだ。

オイラーがこの答えに達したのは、ヤーコプ・ベルヌーイが亡くなってからのことで、そのため、ヤーコプの弟ヨハンは、この問題の解決を見て、「兄さんが生きていてくれたら」という感想をもらした（ヨハンは28歳のオイラーには恩師だった）。

オイラーの有名な証明

代数学の基本定理は先ほども登場したし〔5章〕、19世紀にもなると、カール・ワイエルシュトラスはそれを、因数分解定理で、複素数の範囲で定義された「行儀の良い」関数に拡張した。要するにこれが教えてくれるのは、そのような関数なら、ある条件の下で、無限個の零点を使って「因数分解」できるということだ。多項式なら有限個の零点を使ってできるのと同じことだ。とくに、$\mathbb{C}$ に属する z について、

$$\sin \pi z = \pi z \prod_{n=1}^{\infty} \left(1 - \frac{z^2}{n^2}\right)$$

となる。オイラーは、19世紀の典型をなすワイエルシュトラス的数学的厳密さによる帰結を、典型的な18世紀の典型をなすオイラー的数学的華麗さに置き換えて先取りしている。実は、これはオイラーが生み出した四つの証明のうち、第3のもので、すっきりしたところと意義の深さでは第一のものだった。

すると、$\alpha_1, \alpha_2, \alpha_3, \ldots, \alpha_n$ が n 次多項式 $P_n(x)$ の根なら、$x - \alpha_1, x - \alpha_2, x - \alpha_3, \ldots, x - \alpha_n$ はその因数であり、したがって次の恒等式が得られる。

$$P_n(x) = A(x - \alpha_1)(x - \alpha_2)(x - \alpha_3) \cdots (x - \alpha_n)$$

オイラーは、ラジアンで考えて、関数 $\sin x$ には、$0, \pm\pi, \pm 2\pi, \pm 3\pi, \ldots$ という無限の根があり、したがって、この関数を「無限次」の多項式と扱うなら、

$$\begin{aligned}&\sin x \\ &= Ax(x-\pi)(x+\pi)(x-2\pi)(x+2\pi)(x-3\pi)(x+3\pi)\cdots \\ &= Ax(x^2-\pi^2)(x^2-4\pi^2)(x^2-9\pi^2)\cdots\end{aligned}$$

となることを論じた。そこでこれを次のように書き換えてみよう。B は何かに決まる定数として、

$$\sin x = Bx\left(1 - \frac{x^2}{\pi^2}\right)\left(1 - \frac{x^2}{2^2\pi^2}\right)\left(1 - \frac{x^2}{3^2\pi^2}\right)\cdots$$

ラジアンを単位とする角度を使うと、

$$x \to 0 \quad \text{のとき} \quad \frac{\sin x}{x} \to 1$$

という結果が得られる。先の $\sin x = Bx \ldots$ の式の両辺を x で割り、無限個の積の極限をとると、B の値は 1 と見なすことができるので、結果、

$$\sin x = x\left(1 - \frac{x^2}{\pi^2}\right)\left(1 - \frac{x^2}{2^2\pi^2}\right)\left(1 - \frac{x^2}{3^2\pi^2}\right)\cdots$$

オイラーは、この $\sin x$ を表す無限個の積の式を展開して、関数の無限級数の形、テイラー展開を用いる。そこではすべての x について

$$\sin x = x - \frac{x^3}{3!} + \frac{x^5}{5!} - \frac{x^7}{7!} + \cdots$$

が成り立つ。これで $\sin x$ の出番は終わり、オイラーは級数と積とを等しいと置いて仕上げとする。

$$x - \frac{x^3}{3!} + \frac{x^5}{5!} - \frac{x^7}{7!} + \cdots = x\left(1 - \frac{x^2}{\pi^2}\right)\left(1 - \frac{x^2}{2^2\pi^2}\right)\left(1 - \frac{x^2}{3^2\pi^2}\right)\cdots$$

両辺の x の項は同じであることはすぐにわかる。本当に注目すべきは x^3 の項で、級数の方は係数が $-\frac{1}{3!}$ であることを言っており、積の方は（それほどわかりやすくはないが）、それが無限級数

$$-\frac{1}{\pi^2} - \frac{1}{2^2\pi^2} - \frac{1}{3^2\pi^2} - \frac{1}{4^2\pi^2} - \cdots$$

となることを教える。両者は等しくなければならないので、

$$-\frac{1}{3!} = -\frac{1}{\pi^2} - \frac{1}{2^2\pi^2} - \frac{1}{3^2\pi^2} - \frac{1}{4^2\pi^2} - \cdots$$

そうして最後の式を整理すると、

$$\frac{1}{1^2} + \frac{1}{2^2} + \frac{1}{3^2} + \cdots = \frac{\pi^2}{6}$$

何と見事なことか。

　この証明の 10 年後、オイラーは「方法は新しく、このような目的のために使われたことはなかった」と書いたが、その後、オイラーはそれを使った——何度も繰り返し、その使い方から得られた結果がそ

二つの級数

の使い方に重みを加えた。

たとえば、先の $\sin x$ の恒等式の $x = \pi/2$ と置くと、

$$\sin\frac{\pi}{2} = \frac{\pi}{2}\left(1 - \frac{1}{4}\right)\left(1 - \frac{1}{16}\right)\left(1 - \frac{1}{36}\right)\cdots$$

したがって、

$$1 = \frac{\pi}{2} \times \frac{3}{4} \times \frac{15}{16} \times \frac{35}{36} \times \cdots$$

これはまた、次のように書き換えられる。

$$\frac{2}{\pi} = \frac{1 \times 3 \times 3 \times 5 \times 5 \times 7 \times 7 \times \cdots}{2 \times 2 \times 4 \times 4 \times 6 \times 6 \times \cdots}$$

これはその1世紀前にジョン・ウォリスが知っていた結果で、それに今度は、ウォリスはまったく知らなかった新奇な方法で到達した。

関数 $f(x) = 1 - \sin x$ も根拠をもたらす。これは $\pi/2$ の整数倍のところに繰り返し零点があり、それは図11.4で明らかにされている。

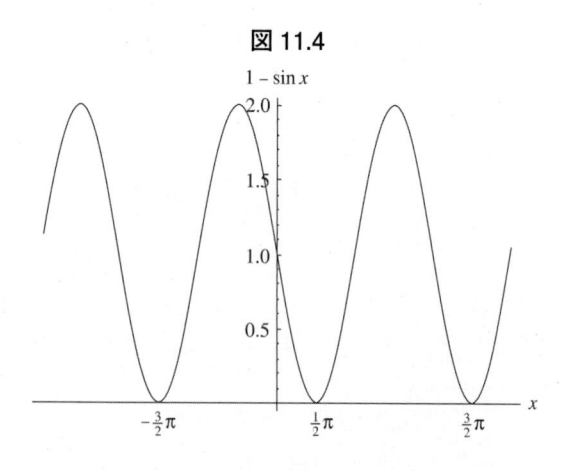

図11.4

先のように $1-\sin x$ を因数分解すると、

$$1-\sin x = A\left(x-\frac{\pi}{2}\right)^2\left(x+\frac{3\pi}{2}\right)^2\left(x-\frac{5\pi}{2}\right)^2\left(x+\frac{7\pi}{2}\right)^2\cdots$$

となり、これは

$$1-\sin x = B\left(1-\frac{2x}{\pi}\right)^2\left(1+\frac{2x}{3\pi}\right)^2\left(1-\frac{2x}{5\pi}\right)^2\left(1+\frac{2x}{7\pi}\right)^2\cdots$$

と変形される。
したがって、テイラー展開を用いて、

$$\begin{aligned}&1-x+\frac{x^3}{3!}-\frac{x^5}{5!}+\frac{x^7}{7!}-\cdots\\&=B\left(1-\frac{2x}{\pi}\right)^2\left(1+\frac{2x}{3\pi}\right)^2\left(1-\frac{2x}{5\pi}\right)^2\left(1+\frac{2x}{7\pi}\right)^2\cdots\end{aligned}$$

ここから、Bが1でなければならないのは明らかで、x の係数を比較して

$$-1 = -\frac{4}{\pi}+\frac{4}{3\pi}-\frac{4}{5\pi}+\frac{4}{7\pi}-\cdots$$

したがって、

$$\frac{\pi}{4} = 1-\frac{1}{3}+\frac{1}{5}-\frac{1}{7}+\frac{1}{9}-\cdots$$

このことは、まったく別個に(また厳密に)、ライプニッツによって確かめられていた。そこからオイラーは次のように述べた。

われわれの方法は、ある人々にとっては、十分に信頼できるようには見えないかもしれないが、この方法にとっての立派な確認がここで明らかになる。

ここにあるのは数学的錬金術で、オイラーはそのことをよく知っていたが、霊験はあらたかで、すべてがうまく行っていた。後にワイエルシュトラスらがそのことを示すことになる。

批判と反証

オイラーの新奇な、しかし効果的な方法には、いろいろな反論が出ているが、その中でもいちばん微妙なものが、ダニエル・ベルヌーイ（ヨハンの息子であり、オイラーの友人で、長年にわたり手紙のやりとりがあった）は、$\sin x = 0$ には複素数解があるかもしれず、したがって、因数分解は完全ではないかもしれないではないかと説いた。これは5章で見たように、そのようなことはまったく理解されていなかった頃の話だ。オイラーの特筆すべき反応を素通りはできない。それは次のような（ほとんど完全な）論証を出している。

まず、

$$\lim_{n \to \infty} \left(1 + \frac{x}{n}\right)^n = e^x$$

という結果が必要で、次に、

$$\sin x = \frac{1}{2i}(e^{ix} - e^{-ix}) \quad と \quad \cos x = \frac{1}{2}(e^{ix} + e^{-ix})$$

が必要となる。これらは付録（269頁）で解説してある。

そこで

$$P_n(x) = \frac{1}{2\mathrm{i}}\left[\left(1 + \frac{\mathrm{i}x}{n}\right)^n - \left(1 - \frac{\mathrm{i}x}{n}\right)^n\right]$$

を定義すると、$\sin x = \lim_{n\to\infty} P_n(x)$ となる。

オイラーは、この多項式には複素数根がありうると論じた。それは、

$$\begin{aligned}P_n(x) = 0 &\iff \left(1 + \frac{\mathrm{i}x}{n}\right)^n = \left(1 - \frac{\mathrm{i}x}{n}\right)^n \\ &\iff 1 + \frac{\mathrm{i}x}{n} = \mathrm{e}^{2k\pi\mathrm{i}/n}\left(1 - \frac{\mathrm{i}x}{n}\right)\end{aligned}$$

となるからで、そこから

$$x = \frac{n}{\mathrm{i}}\frac{\mathrm{e}^{k\pi\mathrm{i}/n} - \mathrm{e}^{-k\pi\mathrm{i}/n}}{\mathrm{e}^{k\pi\mathrm{i}/n} + \mathrm{e}^{-k\pi\mathrm{i}/n}} = n\frac{(\mathrm{e}^{k\pi\mathrm{i}/n} - \mathrm{e}^{-k\pi\mathrm{i}/n})/2\mathrm{i}}{(\mathrm{e}^{k\pi\mathrm{i}/n} + \mathrm{e}^{-k\pi\mathrm{i}/n})/2} = n\tan\frac{k\pi}{n}$$

となって、これは実数である。

オイラーの極限へもって行き方は、やはり少し不確かだが、見事な反証だ。

厳密な証明

1741年の批判に答えるために、オイラーは第4の、もっと受け入れやすい証明を発表した。それを以下に示す。確かに、これはもっと確実で、それを見ると、熟練の達人の一人が作った数学の銘酒が味わえる。

その方法は、問題を、級数の中の奇数番の項を合計して、それからその和を表す式を見つけるというものだった。つまり、

$$S_\infty = \frac{1}{1^2} + \frac{1}{2^2} + \frac{1}{3^2} + \frac{1}{4^2} + \frac{1}{5^2} + \frac{1}{6^2} + \cdots$$
$$= \left(\frac{1}{1^2} + \frac{1}{3^2} + \frac{1}{5^2} + \cdots\right) + \left(\frac{1}{2^2} + \frac{1}{4^2} + \frac{1}{6^2} + \cdots\right)$$
$$= \left(\frac{1}{1^2} + \frac{1}{3^2} + \frac{1}{5^2} + \cdots\right) + \frac{1}{4}\left(1 + \frac{1}{2^2} + \frac{1}{3^2} + \cdots\right)$$
$$= \left(\frac{1}{1^2} + \frac{1}{3^2} + \frac{1}{5^2} + \cdots\right) + \frac{1}{4}S_\infty$$

で、これは

$$S_\infty = \frac{4}{3}\left(\frac{1}{1^2} + \frac{1}{3^2} + \frac{1}{5^2} + \cdots\right)$$

ということであり、これによって問題は、

$$\frac{1}{1^2} + \frac{1}{3^2} + \frac{1}{5^2} + \cdots$$

を表す厳密な式を求めることになる。そのために、オイラーはこんな積分を考えた。

$$\int_0^1 \frac{\sin^{-1} t}{\sqrt{1-t^2}}\,\mathrm{d}t$$

これは厳密に求められて

$$\int_0^1 \frac{\sin^{-1} t}{\sqrt{1-t^2}}\,\mathrm{d}t = \left[\tfrac{1}{2}(\sin^{-1} t)^2\right]_0^1 = \tfrac{1}{2}(\sin^{-1} 1)^2 = \frac{\pi^2}{8}$$

となり、サイン逆関数を表すテイラー級数を使って、

$$\sin^{-1} t = t + \frac{t^3}{6} + \frac{3t^5}{40} + \frac{5t^7}{112} + \frac{35t^9}{1152} + \cdots$$

ともなり、

$$\int_0^1 \frac{\sin^{-1} t}{\sqrt{1-t^2}} \, dt$$
$$= \int_0^1 \frac{1}{\sqrt{1-t^2}} \left(t + \frac{t^3}{6} + \frac{3t^5}{40} + \frac{5t^7}{112} + \frac{35t^9}{1152} + \cdots \right) dt$$
$$= \int_0^1 \frac{t}{\sqrt{1-t^2}} \, dt + \frac{1}{6} \int_0^1 \frac{t^3}{\sqrt{1-t^2}} \, dt + \frac{3}{40} \int_0^1 \frac{t^5}{\sqrt{1-t^2}} \, dt$$
$$+ \frac{5}{112} \int_0^1 \frac{t^7}{\sqrt{1-t^2}} \, dt + \frac{35}{1152} \int_0^1 \frac{t^9}{\sqrt{1-t^2}} \, dt + \cdots$$

となり、似たような積分の無限級数ができる。

この積分の一般形を

$$I_n = \int_0^1 \frac{t^n}{\sqrt{1-t^2}} \, dt, \quad n \in \{1, 3, 5, 7, \ldots\}$$

と書けば、部分積分を使って、再帰的関係式

$$\begin{aligned}
I_{n+2} &= \int_0^1 \frac{t^{n+2}}{\sqrt{1-t^2}} \, dt \\
&= \int_0^1 t^{n+1} \{t(1-t^2)^{-1/2}\} \, dt \\
&= [-t^{n+1}\sqrt{1-t^2}]_0^1 + (n+1) \int_0^1 t^n \sqrt{1-t^2} \, dt \\
&= (n+1) \int_0^1 t^n \frac{1-t^2}{\sqrt{1-t^2}} \, dt \\
&= (n+1) \int_0^1 \frac{t^n}{\sqrt{1-t^2}} \, dt - (n+1) \int_0^1 \frac{t^{n+2}}{\sqrt{1-t^2}} \, dt \\
&= (n+1) I_n - (n+1) I_{n+2}
\end{aligned}$$

二つの級数

が求められるので、

$$I_{n+2} = \frac{n+1}{n+2}I_n, \quad n \geq 1.$$

となる。ここで、次の値を求める必要がある。

$$I_1 = \int_0^1 \frac{t}{\sqrt{1-t^2}}\, dt = [-\sqrt{1-t^2}]_0^1 = 1$$

となって、再帰的関係式を繰り返し使えば、

$$\begin{aligned}
\frac{\pi^2}{8} &= \int_0^1 \frac{\sin^{-1} t}{\sqrt{1-t^2}}\, dt \\
&= I_1 + \frac{1}{6}I_3 + \frac{3}{40}I_5 + \frac{5}{112}I_7 + \frac{35}{1152}I_9 + \cdots \\
&= 1 + \frac{1}{6} \times \frac{2}{3} + \frac{3}{40} \times \frac{4}{5} \times \frac{2}{3} + \frac{5}{112} \times \frac{6}{7} \times \frac{4}{5} \times \frac{2}{3} \\
&\quad + \frac{35}{1152} \times \frac{8}{9} \times \frac{6}{7} \times \frac{4}{5} \times \frac{2}{3} \times \cdots \\
&= 1 + \frac{1}{3^2} + \frac{1}{5^2} + \frac{1}{7^2} + \frac{1}{9^2} + \cdots
\end{aligned}$$

と求められる。奇数項の和が求められたので、

$$S_\infty = \frac{4}{3} \times \frac{\pi^2}{8} = \frac{\pi^2}{6}$$

となって、すべてが満たされる。

第 12 章

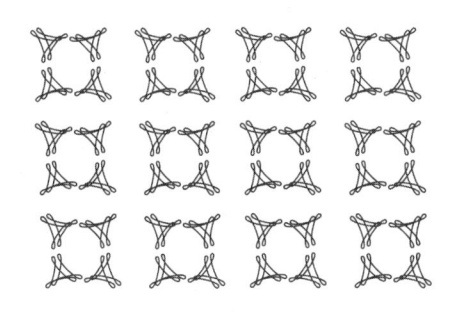

トランプ手品

数学者はたねを明かす手品師である。

――ジョン・コンウェイ

　演技のうまい、よくできたトランプ手品に伴う驚きは、手品師の熟練の技――注意のそらし方、カードと見物人両方の操作のしかた――によるところが大きい。時には仕掛にある原理がそもそも驚きであることもある。ここではそのような原理二つに目を向けよう。どちらもいろいろな効果の基礎であり、どちらも学者によって発見されたものだった。

クラスカル原理

「創世記」の第2章は、天地創造の話を続け、次のように始まる（欽定訳聖書）。

Thus the heavens and the earth were finished and all the host of them And on the seventh day God ended his work which he had made and he rested on the seventh day from all his work which he had made And God blessed the seventh day and sanctified it because that in it he had rested from all his work which God created and made These are the generations of the heavens and **of** the earth when they were created in the day that the LORD God made the earth and the heavens And every plant of the field before it was in the earth and every herb of the field before it grew for the LORD God had not caused it to rain upon the earth and there was not a man to till the ground But there went up a mist from the earth and watered the whole face of the ground And the LORD **God** formed man of the dust of the ground and breathed into his nostrils the breath of life and man became a living soul…

〔天地万物は完成された。第七の日に、神は御自分の仕事を完成され、第七の日に、神は御自分の仕事を離れ、安息なさった。この日に神はすべての創造の仕事を離れ、安息なさったので、第七の日を神は祝福し、聖別されたこれが天地創造の由来である。主なる神が地と天を造られたとき、地上にはまだ野の木も、野の草も生えていなかった。主なる神が地上に雨をお送りにならなかったからである。また土を耕す人もいなかった。しかし、水が地下から湧き出て、土の面をすべて潤した。主なる神は、土（アダマ）の塵で人（アダム）を形づくり、その鼻に命の息を吹き入れられた。人はこうして生きる者となった……（邦訳は新共同訳による）〕

この文章を使って、ささやかな「聖書暗号」の数秘術を試みることができる。

最初の単語（Thus）から始め、1文字につき1語ずつ進め、4字分進める（theに達する）。そこからまた1文字について1語ずつ、3字分進める（finishedに達する）。この手順を続けると、結局、太字で下線を引いた**God**〔神〕に達する。偶然の一致だろうか。今度は最初の6行（でも何でも）の中のどの単語から始めてもいいとしよう。すると同じことになる。たどっていくと、同じGodという単語に出くわす。実は、そこまでのどの単語でも、**of**を含むなら、同じことに

なる。すべての道が神に通じるのはうれしいが、これは偶然ではすまないのだろうか。実は、あっさりと神秘的でない説明がつく。右のようにして生成された単語の列は、すべて最初の共通のリンクとして earth という単語によるきっかけにぶつかり、もちろんその地点から先は同じことになり、そこからつながる単語の一つに例の God があるので、すべてそうならざるをえない。この最初の共通のリンクとともに経過は繰り返され、その後のリンクは太字にしてある。

Thus the heavens and the earth were finished and all the host of them And on the seventh day God ended his work which he had made and he rested on the seventh day from all his work which he had made And God blessed the seventh day and sanctified it because that in it he had rested from all his work which God created and made These are the generations of the heavens and of the earth when they were created in the day that the LORD God made the **earth** and the heavens And **every** plant of the field **before** it was in the earth **and** every herb **of** the **field** before it grew for **the** LORD God **had** not caused **it** to **rain** upon the earth **and** there was **not** a man **to till the** ground But **there** went up a mist **from** the earth and **watered** the whole face of the ground **And** the LORD <u>**God**</u> formed man **of** the **dust** of the ground **and** breathed into **his** nostrils the **breath** of life and man became **a living** soul…

この話は『サイエンティフィック・アメリカン』誌の 1998 年 8 月号で論じられたが、仕掛となっている原理はさらに前にさかのぼる——しかもまったく別の脈絡で論じられている。

マジックの業界誌『イビデム』1957 年 12 月号に掲載され、アレクサンダー・F・クラウスが書いた「総和」という題の記事は、カード・マジック界に「クラウス原理」をもたらした。

マジシャン M が、観客の一人 A に、普通の 52 枚のトランプを切り、1 から 10 までの中から数を一つ、相手にわからないように選ぶよう

求める。A はカードを1枚ずつ、表を上にして積み上げ、その間、心の中で次のように数えるよう言われる。

選んだ数が6だったとしよう。6番めにめくったカードが「鍵」カードとなり、その数が、次に何枚めくれば次の鍵カードに達するかを定める。たとえば、最初の鍵カードが3だったとすると、その枚数をめくれば、次の鍵カードにたどりつく。この手順を繰り返すと、鍵カードの列ができ、カードがなくなるまで続き、なくなったとき、最後の鍵カードで定められる回数は数えられないことになる。この最後の鍵カードは密かに選んだカードになるのだ。

もちろん、マジシャンの仕事は、この無作為の過程で選ばれた秘密のカードを当てることで、これは大技に見える。

1970年代、クラウス原理は「クラスカル原理」となった。プリンストン大学の物理学者、故マーティン・クラスカルが、マジシャンたちが秘密のカードを発表して観客を驚かせて大稼ぎしていた仕掛を再発見したのだ。この事実は、任意の二つの連鎖が、必ず、どこかで合致するということで、それはつまり、その時点から先は同じになるということ──そして必然的に、同じカードで終わる。第2の列はマジシャンによって生成される。

先の「聖書暗号」の例に戻れば、文章はカードの集まりと考えられる。それぞれのカードの数は、単語の文字数によって決まるというわけだ。最初に選んだ数をどれにしても、それぞれに連鎖ができる──そしてそれぞれの連鎖は「earth」と書かれた「カード」で出会う。

分析を前に進めるために、n 枚のカードに一般化し、それぞれの数が $\{c_1, c_2, c_3, ..., c_n\}$ だとしよう。するともちろん、これはありうる手順数のリストとなる。さらに、話を単純化するために、二つの連鎖は n 枚のカードのどこで交差するかは確率が同じとする。後の都合があるので、その一定の確率を p^2 と書くことにする。$q = 1 - p^2$ と書き、$I \in \{1, 2, 3, ..., n\}$ を、交差するカードの位置となる確率変数とすると、ごくあたりまえの等比数列の確率分布が得られる。$r = 1, 2, 3, ...$ として

$$P(I = r) = q^{r-1}p^2$$

等比数列的確率変数について、よくある結果を持ち出せば（容易に証明できる）、

$$P(I > r) = q^r$$

となる。これは、マジシャンが手品を成功させる確率が

$$P = 1 - P(I > n) = 1 - q^n = 1 - (1-p^2)^n$$

となるということだ。そこで、妥当な p^2 の推定値を求めなければならず、そのために、p の値を求めてみる。二つの連鎖それぞれについて、次のカードへ進む「枚数」の平均は $(1/n)\sum_{r=1}^{n} c_r$ で、ここからは、当然、$1/((1/n)\sum_{r=1}^{n} c_r)$ という確率が出てきて、この確率を p と呼ぼう。つまり、「平均すると」二つの鎖は平均枚数ずつ次へ進み、したがって「平均すると」しかるべき出会い方をするという前提を使って、二つの連鎖がいずれかのカードで出会う確率を推定することになる。実際には、詳細な分析はマルコフ連鎖の世界にあり、関心のある読者は2001年10月に出た、J・ラガリアス、E・レインズ、アール・ヴァンダーバイによる「クラスカル計数」という論文を参照されたい（http://front.math.ucdavis.edu/search?a=lagarias&t=&q=&c=&n=40&s=Listings.）

ラガリアスらの論証の方がしっかりしているので、後の便宜のために、その一部を変形したものを出しておく。

6章で条件付き確率を定義し、事象を成分となる部分に分割して

$$P(A \mid B) = \frac{P(A \cap B)}{P(B)}$$

と書き、

$$P(E) = P(E \mid A)P(A) + P(E \mid B)P(B) \\ + P(E \mid C)P(C) + P(E \mid D)P(D)$$

と書いたのを思い出そう。すると、$r > s$ について、

$$P(I > r \mid I \geq s) = \frac{P(I > r \cap I \geq s)}{P(I \geq s)} = \frac{P(I > r)}{P(I \geq s)} = \frac{(1-p^2)^r}{(1-p^2)^{s-1}} \\ = (1-p^2)^{r-s+1} = P(I > r - s + 1)$$

が得られる。こうしたことを準備して、二つの列が n 番のカードになるまで交差しないという事象を調べよう。つまり $P(I > n)$（先の事象 E）についての式を求めよう。そのために、確率変数 M_1 と A_1 を、最初にマジシャンと観客とがそれぞれに選んだカードの位置と定義し、あらゆる可能性を、四つの区分（事象 A、B、C、D）に分ける。

$$A = (M_1 \geq 2 \cap A_1 \geq 2), \quad B = (M_1 = 1 \cap A_1 \geq 2), \\ C = (M_1 \geq 2 \cap A_1 = 1), \quad D = (M_1 = 1 \cap A_1 = 1)$$

この結果、次の分解ができる。

$$P(I > n) \\ = [P(I > n \mid (M_1 \geq 2 \cap A_1 \geq 2))] \times P(M_1 \geq 2 \cap A_1 \geq 2) \\ + [P(I > n \mid (M_1 = 1 \cap A_1 \geq 2))] \times P(M_1 = 1 \cap A_1 \geq 2) \\ + [P(I > n \mid (M_1 \geq 2 \cap A_1 = 1))] \times P(M_1 \geq 2 \cap A_1 = 1) \\ + [P(I > n \mid (M_1 = 1 \cap A_1 = 1))] \times P(M_1 = 1 \cap A_1 = 1)$$

事象 $A = (M_1 \geq 2 \cap A_1 \geq 2)$ は $I \geq 2$ という事象であり、したがって先の結果を使って、

$$P(I > n \mid (M_1 \geq 2 \cap A_1 \geq 2)) = P(I > n \mid I \geq 2)$$
$$= P(I > n - 2 + 1)$$
$$= P(I > n - 1)$$

となる。同じ論法が残りのうち二つにあてはまる。最後の項は0となる。それは

$$P(I > n \mid (M_1 = 1 \cap A_1 = 1)) = P(I > n \mid I = 1) = 0$$

となるからだ。したがって、式は簡約されて

$$P(I > n) = P(I > n - 1)[P(M_1 \geq 2 \cap A_1 \geq 2)$$
$$+ P(M_1 = 1 \cap A_1 \geq 2)$$
$$+ P(M_1 \geq 2 \cap A_1 = 1)]$$

となり、[ ]の式は単に$P(I > 1)$のことだから、再帰的関係は、

$$P(I > n) = P(I > n - 1)[P(I > 1)] = P(I > n - 1)[1 - p^2]$$

となって、これをたどって行くと、結局、

$$P(I > n) = P(I > n - 1)[P(I > 1)]$$
$$= P(I > 1)[1 - p^2]^{n-1}$$
$$= (1 - p^2)^n$$

となる。これはマジシャンが仕掛けをうまく実行できる確率が、$P = 1 - (1 - p^2)^n$ になることを意味する。

そこで、$n = 52$ とし、確率 p の値を与えて、理論的な確率を計算できる。p の値はもちろんカードにどんな値を付与するかによる。妥当な選択肢を五つ見ておこう。

・数のカードはその通りの値とし、ジャック、クィーン、キングは、それぞれ 11、12、13 とする。カードの値は $\{1, 2, 3, ..., 13\}$ のいずれかとなり、平均は 7 となる。$p = \frac{1}{7}$ とすれば、

$$P = 1 - P(I > 52) = 1 - [1 - (\tfrac{1}{7})^2]^{52}$$
$$= 1 - (\tfrac{48}{49})^{52} = 0.6577...$$

で、これは、連鎖が交差する確率が 66%ほどだということを意味する。

・数のカードはその通りの値とし、絵札は 10 と数える。カードの値は $\{1, 2, 3, ..., 10, 10, 10, 10\}$ のいずれかで、平均は $\frac{85}{13}$ となる。$p = \frac{13}{85}$ とすると、

$$P = 1 - P(I > 52) = 1 - [1 - (\tfrac{13}{85})^2]^{52}$$
$$= 1 - (\tfrac{7056}{7225})^{52} = 0.7080...$$

となり、これは、連鎖が交差する確率が 71%ほどだということを意味する。

・数のカードはその通りの値とし、絵札はそれぞれ 5 とする。値は $\{1, 2, 3, ..., 9, 10, 5, 5, 5\}$ のいずれかとなり、平均は $\frac{70}{13}$ となる。$p = \frac{13}{70}$ とすれば、

$$P = 1 - P(I > 52) = 1 - [1 - (\tfrac{13}{70})^2]^{52}$$
$$= 1 - (\tfrac{4731}{4900})^{52} = 0.8388...$$

となって、これは連鎖が交差する確率が 84%ほどだということを意味する。

・数のカードはその通りの値とし、絵札は 1 と数える。値は $\{1, 2, 3, ..., 10, 1, 1, 1\}$ のいずれかとなり、平均は $\frac{58}{13}$ となる。$p = \frac{13}{58}$ とすれ

ば、

$$P = 1 - P(I > 52) = 1 - [1 - (\tfrac{13}{58})^2]^{52}$$
$$= 1 - (\tfrac{3195}{3364})^{52} = 0.9315\ldots$$

となる。これはつまり、連鎖が交差する確率は、なんと93％にもなる。カードの平均値が減るにつれて、二つの連鎖が交差する可能性は増大し（当然のこと）、このことを念頭に置けば、とくに騙しやすいカードの配り方を考えることができる。

• カードの数は無視して、カードの数を表す単語の文字数を使う（ace = 3、two = 3, ..., queen = 5, king = 4）。すると値は {3, 3, 5, 4, 4, 3, 5, 5, 4, 3, 4, 5, 4} のいずれかとなり、平均は $\tfrac{52}{13} = 4$ となる。推定には $p = \tfrac{1}{4}$ を採用すれば、

$$P = 1 - P(I > 52) = 1 - [1 - (\tfrac{1}{4})^2]^{52}$$
$$= 1 - (\tfrac{15}{16})^{52} = 0.9651\ldots$$

となって、連鎖が交差する確率は、さらに見事な97％ほどにある。

束のいちばん上のカードを選べばもう少し有利になる。詳細を確かめるには、先のラガリアスらの論証を使える。先と同様、

$P(I > n)$
　　$= [P(I > n \mid (M_1 = 1 \cap A_1 \geq 2))] \times P(M_1 = 1 \cap A_1 \geq 2)$
　　$= P(I > n-1)[P(I > 1)]$

これをたどっていくと、

$$P(I > n) = P(I > 1)[1 - p^2]^{n-1}$$

トランプ手品　169

となるが、今度は $P(I > 1) = 1 - p$ となる。この列の一つだけがどんな出発点でももっていて、これは $P(I > n) = (1-p)[1-p^2]^{n-1}$ だということで、

$$P = 1 - (1-p)[1-p^2]^{n-1}$$

となる。

上と同様の同じ計算により、表 12.1 の最終列が得られる。表 12.1 は、カードの数え方の下で連鎖が交差する確率を百分率で示している。

この厳密さとひらめき〔ヒューリスティックス〕との融合については、コンピュータによるシミュレーションでモデルを検査するしかない。表 12.2 は、そのようなシミュレーションを、それぞれの場合について 10 万回ずつ試行した結果を示している。

表 12.1　理論的確率

絵札の数え方	p の値	最初の十枚のいずれでも	いちばん上のカード
11, 12, 13	$\frac{1}{7}$	65.77	70.05
10, 10, 10	$\frac{13}{85}$	70.80	74.67
5, 5, 5	$\frac{13}{70}$	83.88	86.41
1, 1, 1	$\frac{13}{58}$	93.15	94.40
字数	$\frac{1}{4}$	96.51	97.21

表 12.2　経験的確率

絵札の数え方	p の値	最初の十枚のいずれでも	いちばん上のカード
11, 12, 13	$\frac{1}{7}$	67.93	69.46
10, 10, 10	$\frac{13}{85}$	70.27	72.46
5, 5, 5	$\frac{13}{70}$	84.29	85.35
1, 1, 1	$\frac{13}{58}$	93.66	94.30
字数	$\frac{1}{4}$	95.23	95.84

　すでに述べたように、もっと高度な数学の手法を利用して論証のひらめきの部分をもっと確実にすることができるが、それはかなり専門的なことで、相当の予備知識がなければわかりにくい。6 章と 8 章では、テレビドラマの『ナンバーズ』を挙げた。2007 年 2 月 16 日放送の「二つの死の関連性」では、アミタとチャーリーがクラスカル計数を用いて（手直しした形で）、二人のボクサーを殺した犯人をつきとめている。本章で述べたような裏付けができると、新たな知見をもとに、あらためて DVD を見たくなるのではないだろうか。

ギルブレス原理

　マジシャンがテーブルをはさんだ一人の客と向かい合って座っている。トランプを束にしてさっと広げる。表が上向きで、カードがちゃんと混ざっているのを示している。それをまた集め、今度は表を下にして束にまとめ、カードを二つに分け、端を合わせてぱらぱらと混ぜると、マジシャンは、今度は客の番で、同じことをして、何度か切って仕上げをしてもらうと宣言する。うまかろうと下手だろうと、カードはぱらぱらと混ぜられ、何度か切ったものがマジシャンに返される。マジシャンは束を背中の後ろに隠し、4 枚ずつ前に出し、裏にしたままテーブルに置いて行く。4 枚ずつ 13 組の山ができると、それぞれ

の山がひっくり返されると、それぞれの山にはスペード、ハート、ダイヤ、クラブが一枚ずつ入っている。

客がカードを混ぜたり切ったりしたのに、広げるときにわからないように何かの順番に並べておいたとしても、どうしてマジシャンにはマークがどれかわかったのだろう。実は、カードは確かに整えられていて、マジシャンはそれぞれのカードのマークは知らないが、ギルブレス原理を利用すればいいことを知っているのだ。

1957年2月、ジョン・ラッセル・ダックという名のアメリカのマジシャンが、『カーディスト』というマジックの雑誌を出して、その創刊号に、「ラスダックのステイスタック方式」という記事を載せた。これは、カードを半分ずつにして、上半分と下半分を完全に(上半分と下半分のカードが1枚ずつ交互に重なるように)ぱらぱらと重ねる混ぜ方(リッフル・シャッフル)をしても、元の順番はいくらか残っているという観察結果だった。たとえば、カードがもともと、スペード、ハート、クラブ、ダイヤごとにエースからキングまで順に並んでいたとすれば、シャッフルしても次のようなことが言える。

・束の半分にはそれぞれ、同じ数のカードが2枚ずつ入っている。
・束の半分にはそれぞれ、13枚の赤のカードと13枚の黒のカードがある。
・束の半分にはそれぞれ、13種類の数すべてについて、赤いマークのカードが1枚ずつ、黒いマークのカードが1枚ずつ入っている。
・いちばん上のカードは、いちばん下のカードと同じ数になり、上から2枚めのカードは下から2枚めのカードと同じ数で、束全体で以下同様になる。

完全なリッフル・シャッフルを繰り返しても、順番の多くは残り、マジシャンは長年、このことを利用してまごつかせてきた。実は、完全なアウトシャッフル(いちばん上のカードがいちばん上に残る)と完全なインシャッフル(いちばん上のカードが2枚めに下がる)とを区別すれば、8回の完全なアウトシャッフルか52回のインシャッフル

をすると、束は最初の順番に戻る。

リッフル・シャッフルが完全でなかったらどうなるだろう。ベイヤーとディアコニス（D. Bayer and P. Diaconis, 1992, "Trailing the dovetail shuffle to its lair," *Annals of Applied Probability* 2: 294-313）は、驚きの結果を証明した。どんなカードの並び方でも（近似的に）同じ確率になるようになって、束が無作為になるには、8回ほどのリッフル・シャッフルが必要となるという（これと比べて、上へ上へと重ねていく切り方だと、同じ程度に無作為化するのに必要な回数は2500回ほどになる）。$52! = 8.07 \times 10^{67}$ のありうる並び方を考えると、この数の小ささがまず意外に思える。リッフル・シャッフルが8回を超えていても、無作為の程度に有意の増大はなく、8回未満だと、無作為を保証するには不十分となる。このことは、5回のリッフル・シャッフルではカードの束を無作為にするには足りないという次の論証によって、すっきりと明らかにすることができる。

- 無作為の定義として、どの並び方も（近似的に）可能性が等しいこととし、特定の並び方がこの手順では到達できないことを示す。
- 元のカードに上から順に1から52までの番号を振る。
- シャッフルのどの段階でも、束の中での「上昇列」を、連続する整数の昇順の列をできるだけ長くとったものと定義する。したがって、最初の束は1, 2, 3, ..., 51, 52という上昇列が一つだけある。
- 元の束が無作為に二つに分けられると、上の束と下の束という二つの上昇列ができる。リッフル・シャッフルすると、二つの束は一方の上昇列にもう一方の上昇列が散らばる。具体例として、8枚だけの束を考えよう。{1, 2, 3, 4, 5, 6, 7, 8} が {1, 2, 3, 4, 5} と {6, 7, 8} に分かれ、リッフル・シャッフルすると、{$\underline{1}$, $\overline{6}$, $\overline{7}$, $\underline{2}$, $\underline{3}$, $\underline{4}$, $\overline{8}$, $\underline{5}$} となる。
- リッフル・シャッフルを二度行なうと、上昇列の数は $2 \times 2 = 4$ になる。最初にできた二つの上昇列が、二つに分かれる可能性があるからだ。たとえば、{1, 6, 7, 2, 3, 4, 8, 5} が {1, 6, 7, 2} と {3, 4, 8, 5} になり、それを混ぜ合わせて {1, 3, 4, 8, 6, 7, 5, 2} となってもよく、結局 {1, 2}, {3, 4, 5}, {8}, {6, 7} という四つの上昇列ができる。

・同じ論証がその後のリッフル・シャッフルについても成り立ち、リッフル・シャッフルすると上昇列を2倍まで増やすことがわかる。5回リッフル・シャッフルすれば、最大で32の上昇列ができる。
・今度は、束を逆にして、52番のカードをいちばん上にし、1番のカードをいちばん下にする。こうすると、52の上昇列が得られ、それぞれの上昇列を構成する数字の数は一つで、これは5回のリッフル・シャッフルでは到達できない。

不完全なリッフル・シャッフルを1回した後に残る構造について考えたのは、アマチュアのマジシャン、ノーマン・L・ギルブレスだった。別のマジシャンが出した『リンキング・リング』の1966年6月号に、「ギルブレスの第1原理および第2原理」と呼ばれるようになったものについて、本人による解説が出ている。これは、リッフル・シャッフルが完全でない場合の、カードの束の順番からすくい取れるあることを確認するものだった。本人の言葉（に近いもの）によれば、第1原理は

> カードの山が、色が交互に並んでいて、二つの山に分けられ、二つの部分のいちばん下のカードの色は逆になっている。二つの部分をリッフル・シャッフルすれば、隣り合う2枚は一方が赤でもう一方が黒となる。

そこで、

> 同様のカードの二つの組が、一方が他方の逆順になっていて、リッフル・シャッフルされると、結果としてできるカードの山の二つの半分は元の束と似ている。

まず後の方の所見を見てみよう。ここでギルブレスが言おうとしているのは、n 枚の異なるカードの組があって、何らかの順番に並んでいて、同様の束が逆順に並んでいるとき、この二つをリッフル・

シャッフルして上と下に同じ枚数で分けると、それぞれの山には先の何らかの順番の n 枚のカードがあり、省略も反復もないということだ。

たとえばスペードのエースからキングまでが並んだ13枚と、ハートのキングからエースまで並んだ13枚の二つの束を使って実験をしたいところかもしれない。それぞれの半分にはハートとスペードがあるが、エースからキングもすべて入っている。順番の逆転は、半分の山二つを同じ順番に並べ、一方を他方の上に乗せ、上半分を1枚ずつ数え、カードは下向きのまま重ねていけば、気づかれずにできる。

この解析はさほど難しくはない。第1の山を上から下へ向かって $\{X_1, X_2, ..., X_n\}$ とし、第2の山を $\{X_n, X_{n-1}, ..., X_1\}$ とすると、それをまとめて、新しい $2n$ 枚の束ができ、それを今度は上半分 A と下半分 B に分ける。ここで X_k が A に出てくる逆順の束の最後のものとすると、この集合のすべては $\{X_n, X_{n-1}, ..., X_k\}$ とならざるをえない。ここには $n - k + 1$ 枚がある。$\{X_1, X_2, ..., X_n\}$ は、$n - (n - k + 1) = k - 1$ 枚を A に提供し、これは $\{X_1, X_2, ..., X_{k-1}\}$ となるほかはない。これはつまり、A がそれぞれ別のカード $\{X_1, X_2, ..., X_n\}$ でできているということで、もちろん B もそうならざるをえない。リッフル・シャッフルでカードはよくかき混ぜられるが相対的な順番は残す。話の全体はこの事実に依存している。

この分析は第1原理を扱ってはいない。赤と黒のカードの反復するパターンであって、同じカードが逆順に並ぶ二つの束ではない。実は、ギルブレスの原理(実際には二つではなく一つだけ)は、次のような述べ方で正確に定義される。

$S = \{X_1, X_2, X_3, ..., X_n\}$ は、何らかの承認された形で互いに異なる n 枚のカードの集合とする。そこで S のコピーをいくつか作り、それを積み重ねて一束にする。複数の(先と同数でなくてもよい)コピーによる第2の束を作るが、S のそれぞれのコピーが逆順になるように並べる。これで、$\{X_1, X_2, X_3, ..., X_n\}$ の繰り返しによる方と、$\{X_n, X_{n-1}, X_{n-2}, ..., X_1\}$ の繰り返しによるものとの、表を下にした、必ずしも枚数は同じではない束が二つできる。二つの束をリッフル・シャッフルし、合わせた束を、上から下へと数えて n 枚ずつの集合に戻す。

それぞれのn枚のカードの集合では、$\{X_1, X_2, X_3, ..., X_n\}$は、やはり同じ順番になる。

たとえば、$n = 2$とすると、$\{X_1, X_2\}$は{赤のカード、黒のカード}という組合せでよく、これがギルブレスの第1原理を説明する。$n = 4$なら$\{X_1, X_2, X_3, X_4\}$の集合は、{♣, ♥, ♠, ♦}という集合でもよく、先に述べたマジシャンの仕掛の裏にある秘密が明らかになる。

実は、『リンキング・リングズ』誌1966年8月号では、チャールズ・ハドソンなる人物が、まさにこんなことを言っている。

> 反復するカードの列が、一方の束がもう一方の束に逆順で混ざるように、それ自身にリッフル・シャッフルされると、並びの中のそれぞれのグループの内容は変わらない——順番が違うだけだ。

ここでも読者はこの黒と赤の組合せについて、あるいは四つのマークの並びについて実験したくなるかもしれない。これは確かにそうなって、どうしてそうなるかはあまり難しい話ではない。逆転した束の最後の要素X_kが逆転していない束の一つに挟まれるなら、$\{X_n, X_{n-1}, ..., X_k\}$のすべてについてもそれは言えるし、そのカードの組は、昇順の束の最後の$n-k+1$枚のカードをなし、これは次のn枚の昇順の束のいちばん上にならざるをえない——将棋倒しはこうして続く。残っているのは、ギルブレスの赤と黒の結果についての最初の発言にある、下の束が逆転しない理由の説明だけだ。実際そうなるのは、「二つの部分のいちばん下のカードの色が違うように二つに分ける」という発言による。もちろん、これは対応する対の色がすべて色違いになるということであり、逆転の特殊な場合にすぎないということだ。この束をカットしても、さしたる影響はない。

最後に、束がしかるべき多重構造のある形に並んでいれば、マジシャンは観客の考えにもっと大きな混乱を与えることもできる。たとえば、{♣, ♥, ♠, ♦}の並びが繰り返されると、自動的にマジシャンは赤と黒の対を、それぞれのマークからなる4枚組に挟むことができる。さらに、最初の13枚のカード用に特定の数が選ばれて、それ

が3回繰り返されるなら、13枚ずつの組には、それぞれの数が1枚ずつ入っていることになる。そのような並びを以下に示すと〔T=10〕

A♣, 8♥, 5♠, 4♦, J♣, 2♥, 9♠, 3♦, 7♣, Q♥, K♠, 6♦, T♣,
A♥, 8♠, 5♦, 4♣, J♥, 2♠, 9♦, 3♣, 7♥, Q♠, K♦, 6♣, T♥,
A♠, 8♦, 5♣, 4♥, J♠, 2♦, 9♣, 3♥, 7♠, Q♦, K♣, 6♥, T♠,
A♦, 8♣, 5♥, 4♠, J♦, 2♣, 9♥, 3♠, 7♦, Q♣, K♥, 6♠, T♦.

　カードを上から下へこのように並べると多重効果は次のようになる。

・観客にカードを切らせ、好きなように切るのをやめさせる。
・カードを裏向けで互いのカードの上に重ねて、テーブルに適当な束ができるようにする。
・二つの束をリッフル・シャッフルする。
・マジシャンは赤黒カードの対と、マークが違う4枚組を、最初の26枚のカードについて生みだし、その後、上に残っている13枚のカードを表向きで配り、それぞれの数が1枚ずつあることを明らかにし、残った13枚のカードについても同じことをする。

すべてはマジシャンがどこに力点を置くかの問題だ。

第13章

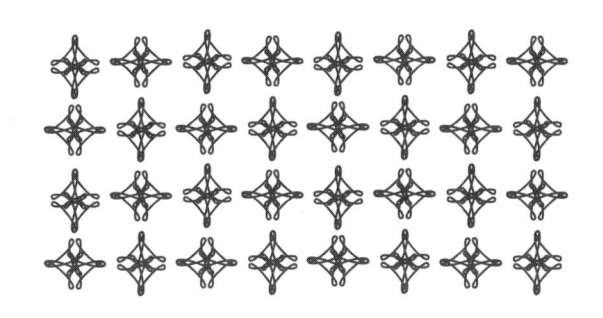

針の回転

幾何学とは、不正確な図に基づく正確な推論の学である。
——ジョージ・ポーリヤ

前著では、針を、とくに等間隔の平行線の上に投げた結果について検討した。針が1本の線にかかって落ちる確率に π が出てくるという、意外で歴史的に重要な事実が初めて調べられたのは、18世紀のフランスの科学者、ビュフォン伯ジョルジュ・ルイ・ルクレールによる。そのため、「ビュフォンの針」という名もついている。本書では話を20世紀に進め、針を回転させるという単純な問題を検討する。こちらにも面白い、重要な答えがある。

日本で日本人が問う

1922年から23年にかけて、有名なアメリカの数学者ジョージ・バーコフ（代数の教科書で知られるギャレット・バーコフの父）は、ローウェル研究所と、カリフォルニア大学の「南分校」（今のカリフォルニア大学ロサンゼルス校）で、相対性理論に関する連続講演を行なった。この講演は当然のように成功し、バーコフは「内容を改訂、

増補、統一して本の形に」することになり、それが1925年の『相対性理論の由来、本質、影響』となった。その第1章(「ユークリッド、ニュートン、ファラデー、アインシュタイン」)には、次のようなくだりがある。

　ついでながら、初等幾何学の難問すべてについて、専門の数学者が答えを出しているわけではないと言っても、的外れではないかもしれない。たとえば、地図を作る人なら、平面上でも球面上でも、どんな地図を想像しても、国境を接する二つの国の色を変えて塗るには、四色あればよいことに気づいている。ところが、いくら手間をかけても、五色で足りることはわかったが、四色という予想が正しいことは、まだ確認されていない。同様に興味深い単純な事例は、何年か前に日本の数学者、掛谷宗一が立てた問題で、与えられた長さの線分を平面で回転させることができる最小の面積を求めるという問題だった。線分の長さを直径とする円の面積の半分だけあれば十分だが、これがありうる最小の面積だと証明できた人はいない。

　四色問題の証明は、1976年、K・アッペルとW・ハーケンによる、異論もあったコンピュータに支援された証明を待たなければならなかった。当時の先頭に立つ数学者の一人だったバーコフは、それを知ることはできなかったが、後の方の問題については、結局、立てられてからほとんどすぐに答えが出ていたが、その答えは、見通せない政治的ベールの向こうに隠された。

　1917年、日本の数学者掛谷宗一は、次のような問題を立てた。

　ある図形の中で、1単位長の線分を、その図形の中にとどまったまま180度回転させることができる図形の集合の中で、面積が最小となる図形はどれか。

やはり1917年、ロシアの数学者アブラム・ベシコヴィッチは、独自の、一見すると別の問題を解いていた。ベシコヴィッチが掛谷の「興

味深い単純」な問題を知り、ただただ見事でただただ意外な答えを出すまでにはまだ数年かかることになる。

初歩的な証拠

「針」とは「1 単位長の線分」とする。

180 度の回転は簡単にできる。図 13.1 にあるように、針 OA を半径として、直径 2 単位長の半円を考えよう。

OA を、O を中心にして 180 度回転させ、矢印の頭が B に一致するようにし、その直線を水平に左へ 1 単位分ずらす。逆転は、$\frac{1}{2}(\pi \times 1^2) = \frac{1}{2}\pi = 1.5707...$ の面積の中で行なわれた（針をその線の方向に平行移動しても、面積を占めないものとする）。

ただ、針が円の直径の長さとすれば、図 13.2 にあるように、半分の面積で回転はできる。

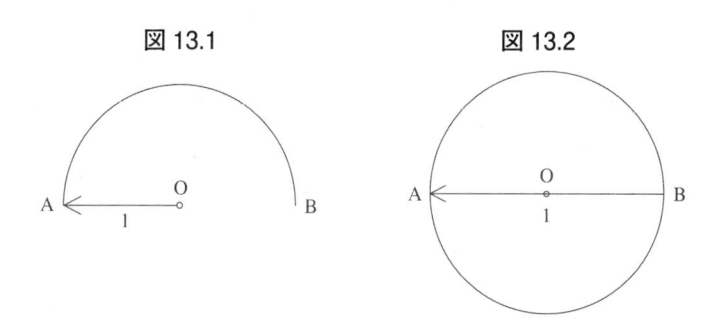

図 13.1　　　　**図 13.2**

針をその中心（円の中心）のまわりに回転させれば、望む結果が平行移動なしで達成できる。面積は $\pi \times (\frac{1}{2})^2 = \frac{1}{4}\pi = 0.7853...$ だ。

図 13.3 にあるように、高さ 1 の正三角形を使えば、事態はさらに改善される。

図 13.3

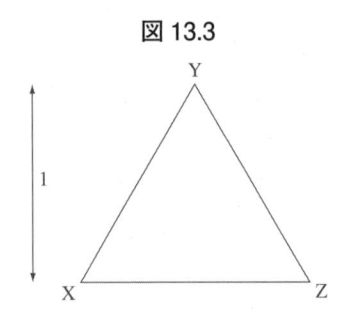

針 AB を辺 XZ 上に、A が X に来るように置く。AB を、X 上にある A を中心に、反時計回りに 60 度回転させ、辺 XY に載るようにし、AB を B が Y になるようにずらす。今度は Y 上にある B を中心に同様の回転をし、A を Z までずらす。最後に Z 上にある A を中心に回転させ B が X に来るようにずらせば、針は元の位置に戻り、完全に逆転する。このように話をややこしくして見返りはあるだろうか。もちろんある。正三角形の一辺の長さは $2/\tan 60° = \frac{2}{\sqrt{3}}$ で、三角形の面積は、当然、$\frac{1}{2} \times \frac{2}{\sqrt{3}} \times 1 = \frac{1}{\sqrt{3}} = 0.5773...$ となる(あらためて言うと、針による線分をその方向にずらしても面積は占めない)。

話の第 1 部はこの正三角形で終わる。

デンマークでハンガリー人が解く

1919 年、ユリウス・パールという、才能も野心もあったハンガリーのユダヤ人が、母国ハンガリーにあるポジョニーから、デンマークのコペンハーゲンへ移った。そこは生臭い政治的陰謀もなく、研究を行なえるようにするために求めていた職も見つかった。ハラルド・ボーア(ニールス・ボーアの弟)が有力な後援者で、パールと、この話のもう一人の主要人物アブラム・ベシコヴィッチとのなかだちでもあった。

掛谷とその共同研究者の藤原松三郎らは、すぐに、正三角形が求められた意図を達成する最小面積の「凸の」形であると予想し、藤原か、

もしかするとボーアが、この問題をパールに伝えた。パールは1921年、この予想の証明を発表し（"Ein Minimumproblem für Ovale," 1921, *Mathematische Annalen* 83: 311-319）、この問題に片をつけたが、凸の領域についてのみだった。凸でない方については、問題は未解決のままで、先のバーコフは著書で、「この長さを直径とする円の面積の半分ですむ」として、内サイクロイドの一族に属するデルトイドのことを暗に指す見解とともに、こちらの方にも触れている。

デルトイド

内サイクロイドとは、図13.4にあるように、小さな円の周上の定点Pが、円が滑ることなく大きな円の内側を転がるときに描く軌跡のことだ。大きい方の円の半径と小さい方の円の半径との比が、曲線の尖点の数を決め、この比が整数なら（したがって、円周の比が整数なら）、小さい円が転がって大きい円の周をひとめぐりすると、尖点の数は端数なしで得られる。たとえば、図13.5ではそうなっていて、$a/b=3$で、内サイクロイドには三つの尖点ができている。これにはデルトイド〔デルタ状の形〕という個別名がついていて、1745年、比類なきレオンハルト・オイラーが、火線と呼ばれる形〔光が局面での反射や屈折で方向を変えた結果できる明暗の境界にできる曲線〕との関連で初めて調べていた。

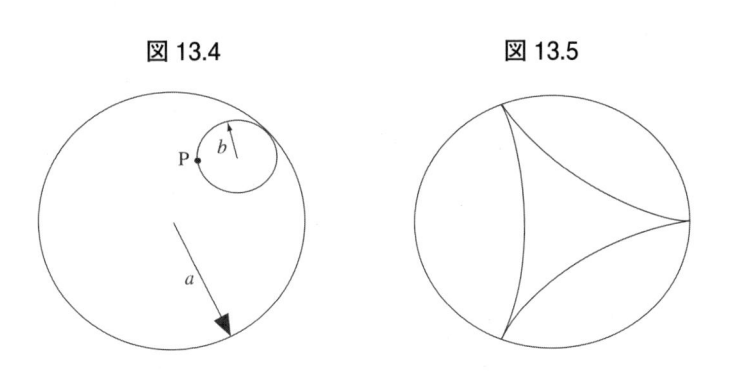

図 13.4

図 13.5

デルトイドの標準的な媒介変数表示の式は、$0 \leq \theta \leq 2\pi$ として、

$$x = 2b\cos\theta + b\cos 2\theta,$$
$$y = 2b\sin\theta - b\sin 2\theta$$

となる。

そこからこの形の特徴がすべて導けて、そのうちここで必要なものは次の二つだ。

・曲線の内側に収まる接線の長さは一定で $4b$ に等しい。
・デルトイドの面積は $(a-b)(a-2b)\pi$ となる。

図 13.6 は、点 P におけるデルトイドの接線が、2 点 A と B で曲線と交差しているところを示している。接線の長さを 1 と決めれば、必然的に $4b = 1$ となり、$a/b = 3$ なのだから、$a = \frac{3}{4}$, $b = \frac{1}{4}$ となる。針は AB で、A に曲線をたどらせ、その間、AB は曲線に対する接線とすると、針をデルトイドの内部で向きを逆転させることができる。こうすることで、B も必ず曲線上にあるので、A が尖点から向かい合う辺の中点まで動けば、必然的に AB は逆転する。

図 13.6

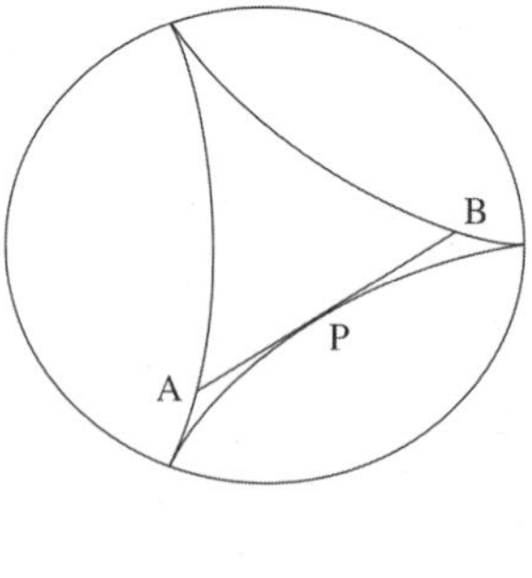

この逆転が行なわれたデルトイドの面積は、

$$\left(\frac{3}{4} - \frac{1}{4}\right)\left(\frac{3}{4} - 2 \times \frac{1}{4}\right)\pi = \frac{\pi}{8} = 0.3926\cdots < \frac{1}{\sqrt{3}}$$

であり、バーコフが触れていたように、

$$\frac{\pi}{8} = \frac{1}{2} \times \frac{\pi}{4}$$

となる。

ロシア人がイギリスで解く

　話を引き継ぐのはやはり亡命者で、今度はロシアからの亡命だった。アブラム・ベシコヴィッチは、ロシアで1917年に勃発した内戦の破壊的な余波に耐えていた。皇帝の白軍と、ボルシェビキの赤軍とが、ペルムの町の支配権をかわるがわる取る中でのことだった。ペルム大学は、教授陣にヴィノグラドフ、フリードマン、それに当のベシコヴィッチを擁することを誇っていた。1920年、大学が弱体化したサンクトペテルブルグ（今やペトログラードと改称されていたが、ベシコヴィッチが若い頃、マルコフの下で勉強したことがあるところ）に一度戻った後、1924年には非合法に脱出した——これも行き先はコペンハーゲンで、やはりボーアが相当の影響力を行使して手助けした。コペンハーゲンから、1年間リヴァプールへ行き（このときは偉大なるハーディの支援による）、さらにケンブリッジへ移り、そこに終生とどまることになる。1950年にはリトルウッドの後を継いでラウズボール数学教授となり、1958年に退職するまでその位置にあったことは、ベシコヴィッチの業績がどれほどのものだったかを雄弁に語っている。しかし話は1917年の戦禍で荒れ果てたペルムの町に戻さなければならない。ベスコヴィッチがリーマン積分の問題（囲みに再構成してある）を研究していた頃のことだ。ベシコヴィッチはこれを、

各方向に単位長の線分を含む測度 0 の平面集合の存在に帰着した。

> $\mathbb{R}^2$ 上にリーマン積分可能な関数 f が与えられていて、$f(x, y)$ が、各 y について x の関数としてリーマン積分可能であり、かつ f の累次積分が 2 重積分 $\iint f(x, y) \, dx \, dy$ に等しくなるような直交座標系 (x, y) が必ず存在するか。

ここでは、問題文の細かいところやその帰着のしかたの背後にある推論は無関係で、ここでの話にとって重要なのは、ベシコヴィッチがそのような集合を構成したということだけだ。その詳細は、1919 年にロシアの学術誌に発表された ("Sur Deux questions d'intégrabilité des functions," 1919, *Journal of the Society of Physics and Mathematics* 2: 105-123)。残念ながら、当時ロシアは、内戦とその後の国際的孤立により、世界の他の国々との連絡はほとんどなかった。ベシコヴィッチは掛谷のことも、もちろんその問題のことも聞いたことはなかった。西側へ脱出してはじめて、その問題のことを、おそらく先に触れたバーコフの 1925 年の本で知った。1919 年のベシコヴィッチの証明を脚色すると、掛谷の問題に驚くべき答えがもたらされる。これは次のように言い換えられる。

長さ 1 の線分が 180 度回転しても、ずっと図形の中にとどまれるあらゆる図形の中で、面積が最小となるものはどれか。

ベシコヴィッチの答えは「そういうものはない」だった。

掛谷は、回転ができて面積が $\frac{1}{8}\pi$ よりも小さい、別の、もしかすると難解な図形を誰かが発見したとしても、おそらく、さほど打ちのめされることはなかっただろうが、ベシコヴィッチが 1928 年の論文で出した結果 (A. S. Besicovitch, "On Kakeya's problem and a similar one, 1928, *Mathematische Zeitschrift* 27: 312-320) は、まったく別だった。要するに、ベシコヴィッチは最小面積の図形はないことを示した。

指定しようとするどんな領域の中でも、面積がどんなに小さくても、課題は達成できるのだ。

　掛谷はよく、冗談で、針を昔の日本の侍がふるう槍のように考えていて、こんなことを言っていたと言われる。

　侍が身を守るために槍をもっていて、どんな大きさの部屋ででも、
　自由に振り回せなければならない。便所の大きさであっても。

ベシコヴィッチの導いた結果は、家でいちばん小さな部屋を、さらにもっと小さくした。これからベシコヴィッチの論旨の一つの形を見てみよう。

ベシコヴィッチ集合

　まず、ベスコヴィッチ集合は平面の部分集合で、あらゆる方向を向いた針を含む（実際には、この考えは簡単にもっと高次の空間に拡張できるが、この一般化は、きわめて難しい問題を引き寄せる。たとえば、言葉の慎重な定義も含め、そのような集合の最小の次元はいくらかなど）。ここでの関心は、任意に小さい面積をもつ平面集合である。ベスコヴィッチによる元の構成は、本人や他の人々による数々の改善を経てきた。ここでは比較的新しい取り扱いの一つを検討することにして、図13.7にあるような、高さ1の直角三角形から始めよう。

　端を直角のところに留められた針が、三角形の左の辺から右の辺へ反時計回りに振れて90度回るとしよう。三角形の高さが1であることで、垂直の時に針がこの三角形の中に完全に含まれることを保証する。この図形は90度全体にわたりあらゆる方向で針を収める。

　そこで一連の作図を始めよう。最初は、図13.8 (a) にあるように、三角形を中央の線に沿って切り、二つの小さな三角形に分け、図13.8 (b) にあるように、右側を左へある距離だけすべらせる。この新しい図形には、次のような性質がある。

・これを、想像をはたらかせ（また便利に）、「バットマンのマント」と考える。
・この形は、元の三角形（胴体と三角形の「翼」）と相似な一つの三角形に、二つの「耳」がついたものと見ることができる（相似というのは、三角形の対応する二つの底角が等しく、したがって、頂角も同じになることによる）。
・この図形の面積は、元の図形よりも明瞭に小さい。
・二つの三角形が重なっていると考えた場合、一方の三角形の一方の辺は、もう一つの三角形の一方の辺に平行（この段階ではこれは二つの鉛直線だが、もっと一般的には、中央線に沿った「切れ目」になる）。

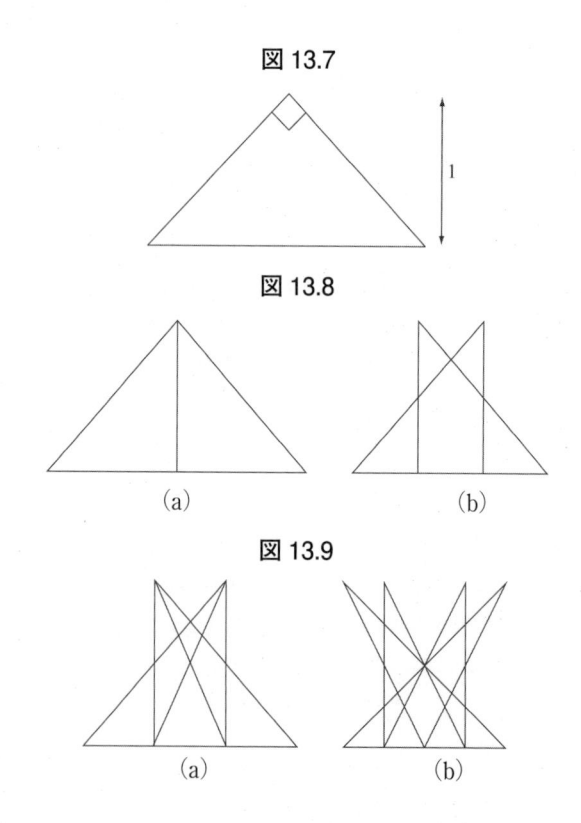

図 13.7

図 13.8

(a) (b)

図 13.9

(a) (b)

針は左側の三角形の上の頂点に固定され、左側の辺の上にあって、90度のうち最初の45度は、反時計まわりに回転し、鉛直になり、右側の三角形の右の辺に乗る。それから左へ平行移動して右側の三角形のてっぺんの頂点へ移り、反時計回りに残りの45度を回転する。これは図が90度の幅ですべての方向を含んでいることを意味する——そして、その平行移動について余分の面積は必要だが、元の図形よりも面積が小さい。

この過程は以下のように続く。

重なった三角形のそれぞれをとり、それぞれを図13.9 (a)にあるように、中央の線を引いて二つに分ける。図13.9 (b)に示したように、右の三角形の右の部分を左へ平行移動し、左の三角形の左の部分を右へ平行移動する。これで手順を繰り返すときに使う三角形が四つできる。手順はいつも、右の三角形の右側の部分を左へ、左側の三角形の左側の部分を左へ平行移動する。図13.10は、この手順をさらに二段階進めたところまでを示す。

それぞれの段階を終えるごとに図形は複雑になるが、重なりあっているので、面積はだんだん小さくなり、それでも90度のすべての方向が含まれる。この点を明らかにすることに、元の三角形の左の辺が図形の中に残っていて、針はそこから初めて反時計回りに何度かずつ回すことができ、最初の三角形の右側の辺にたどり着くまで続けられる。右の辺には別の三角形に、対応する平行な辺がある。針を平行移動してその三角形に移し、さらに回転を続け、この手順を小さな三角形のそれぞれについて繰り返すと、いずれ最後の三角形にたどり着き、その右側の辺は元の三角形の右側の辺となる。そうすれば、少々わかりにくいとはいえ、針を90度回したことになる。図形は実際に90度の区間のすべての方向を含んでいて、確かにその面積は明らかに減っていき、下限はゼロになるとしても妥当な想定となる（専門的に言えば、極限となる図形はコンパクトで、ルベーグ測度はゼロとなる）。

図 13.10

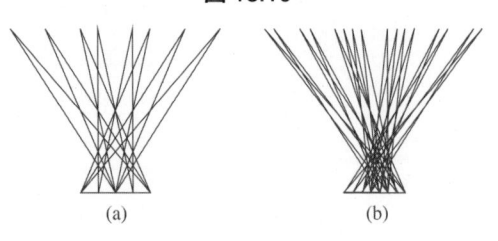

(a)　　　　　　　(b)

計算

数学的な安心のために、このような図形の面積を 0 にまで縮小できることを示しておこう。

高さ 1 のふつうの三角形の領域を考え、それを中央の線で分割すると、図 13.11 (a) に似たものが得られ、直角を左へ αb（ただし $0 < \alpha < 1$）平行移動すると、図 13.11 (b) ができる。この、三角形（元の三角形に相似）と二つの「耳」からなる、傾いた「バットマンのマント」の面積を計算したい。ずらしても面積は同じなので、底辺は元の線の上に置いたまま、水平方向にずらすと、図 13.12 (a) にあるような、平行な 2 本の鉛直線ができる。

マントと頭をなす三角形の高さを H とし、頭をなす三角形の高さは h とすると、相似三角形を使って、図 13.12 から次のような結果が得られる。

図 13.11　　　　　　**図 13.12**

b　b　　αb
(a)　(b)　　(a)　(b)

190

$$\frac{1}{2b} = \frac{H}{2b - \alpha b} = \frac{h}{\alpha b}$$

$H = \frac{1}{2}(2 - \alpha)$ で $h = \frac{1}{2}\alpha$ となるので、図の面積を A とすると、

$$\begin{aligned}
A &= \tfrac{1}{2}(2b - \alpha b) \times H + 2 \times \tfrac{1}{2} \times 2h \times \tfrac{1}{2} \times \alpha b \\
&= \tfrac{1}{4}(2 - \alpha)^2 b + \tfrac{1}{2}\alpha^2 b \\
&= \tfrac{1}{4}(4 - 4\alpha + \alpha^2 + 2\alpha^2)b \\
&= \tfrac{1}{4}(3\alpha^2 - 4\alpha + 4)b
\end{aligned}$$

となり、これはもちろん、元の傾いた図の面積である。

元の三角形の面積は $\frac{1}{2} \times 2b \times 1 = b$ なので、この図の面積の元の三角形に対する比は、$r = \frac{1}{4}(3\alpha^2 - 4\alpha + 4)$ で、これは、図 13.13 からわかるように、大きくても 1 までである。この手順を繰り返すたびに、三角形の数は 2 倍になり、「バットマン」図形を生み出し、その面積を計算してきた。図全体の面積は、「バットマン」図形の面積の和よりも明瞭に少ない。したがって、n 回繰り返した後の図の面積に対して上限をかけることができる。2^{n-1} 個の三角形のそれぞれについて、底辺が次の式を満たすことに気づけばよい。

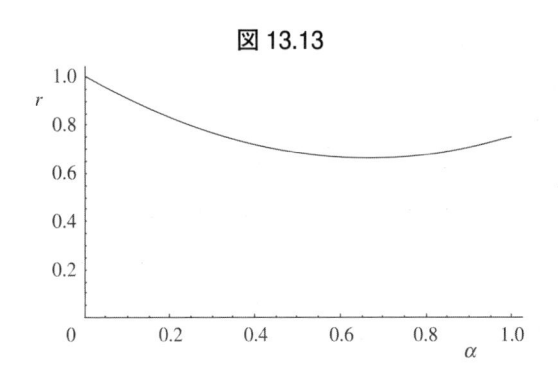

図 13.13

針の回転

$$b_n = \alpha b_{n-1}, \quad n = 2, 3, \ldots,$$
$$b_1 = b$$

これで面積の上限の推定は、

$$\begin{aligned}A_n &= 2^{n-1} \times \tfrac{1}{4}(3\alpha^2 - 4\alpha + 4)b_n \\ &= 2^{n-1} \times \tfrac{1}{4}(3\alpha^2 - 4\alpha + 4) \times (\alpha^{n-1}b) \\ &= (2\alpha)^{n-1} \times \tfrac{1}{4}(3\alpha^2 - 4\alpha + 4)b\end{aligned}$$

となる。$2\alpha < 1$ とすると、$n \to \infty$ のとき、$A_n \to 0$ とならざるをえず、つまり、図形の面積も 0 になるしかない。

これでベシコヴィッチが 1917 年に出した結果の根幹が得られるが、掛谷問題では、各方向と、平行線の一方から隣へと平行移動するために針が図形の内部で回転する必要があり、この問題を解くためには、目的達成に必要な面積が、必然的に増加する。そこで今度は、どれだけ面積を増やす必要があるかを考えよう。

巧妙な平行移動

図 13.14 (a) は、単位長の針を、鉛直方向の距離 H だけ平行移動するところを表している。この平行移動を経ると、針は図 13.14 (b) に示される平行四辺形の面積を横切ったことになり、その面積は $1 \times H = H$ で、これは好きなだけ大きくすることができる。

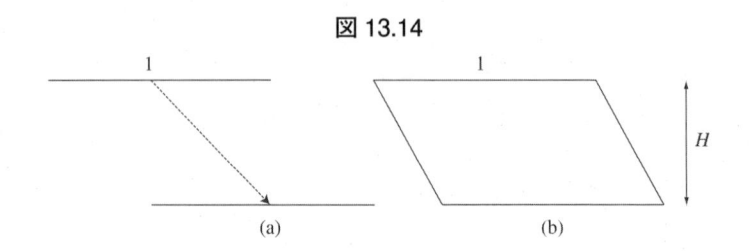

図 13.14

今度は別の平行移動の進め方を考えてみよう。まず針から始めて、それを縦方向に与えられた距離 R だけ平行移動し、針の中心のまわりに、反時計回りでいくらか（$\frac{1}{2}\pi$ よりは小さい）回転させ、回転した針を縦方向に下側へ平行移動させ、最後に針をその中心のまわりに同じ角度だけ時計回りに回転させる。その結果は、図 13.15 に特殊な場合を示したように、平行移動が実行されたことになる。

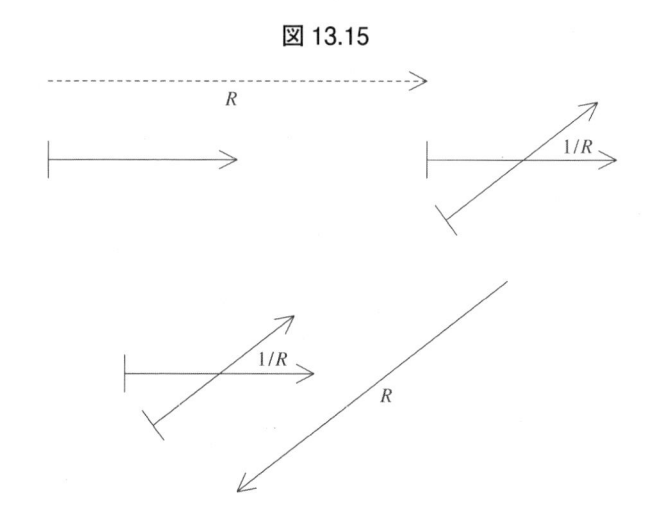

図 13.15

針を望む通りに平行移動するために必要なことは、回転する角度を同じにすることだけだが、右に述べた 2 回の平行移動が同じ距離の移動で、回転角は $1/R$ ラジアンだとしてみよう。$1/R < \frac{1}{2}\pi$ でなければならないので、

$$R > \frac{2}{\pi} = 0.6366\ldots$$

でなければならない。扇形の面積を求める公式とこの方法を使えば、平行移動を完成して通過する面積は、

$$2 \times \left(2 \times \frac{1}{2} \times \left(\frac{1}{2}\right)^2 \times \frac{1}{R}\right) = \frac{1}{2R}$$

となる。念を押すと、針の方向に平行移動するには、面積を占めない。この式を、同じ平行移動を達成するために移動しなければならない平行四辺形の面積の式と比べてみよう。

水平の針の位置の中点をつなぐことで二等辺三角形を形成するなら、図13.16にたどりつく。ここではhが針の運動する方向に移動する距離である。初歩的な三角法で、$h = 2 \times R \times \sin(1/2R)$であることがわかる。

図 13.16

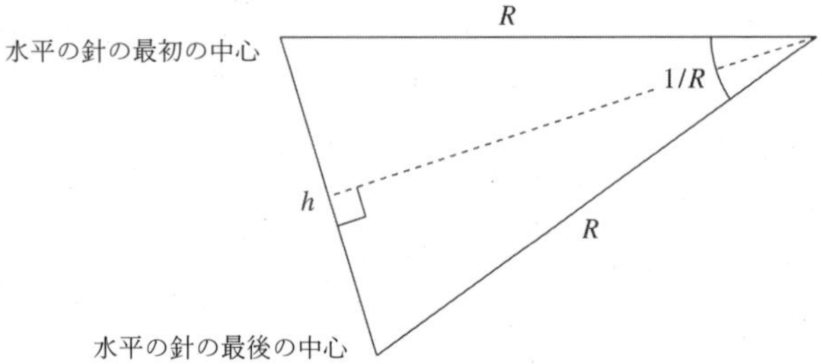

針の水平移動は、

$$h \times \sin\left(\frac{1}{2R}\right) = 2R \sin^2\left(\frac{1}{2R}\right)$$

で、垂直方向の移動は、

$$h \times \cos\left(\frac{1}{2R}\right) = 2 \times R \times \sin\left(\frac{1}{2R}\right) \times \cos\left(\frac{1}{2R}\right) = R \sin\left(\frac{1}{R}\right)$$

で、これは針が通過する平行四辺形の面積

$$1 \times R \sin\left(\frac{1}{R}\right) = R \sin\left(\frac{1}{R}\right)$$

となる。まとめると、回転法では、右へ $2R \sin^2 (1/2R)$ 移動し、下へ $R \sin (1/R)$ 移動するのと同じ平行移動が行なえるが、通過する面積は、$R \sin (1/R)$ ではなく、$1/2R$ である。

図 13.17 は、$R \sin (1/R)$ と $1/2R$ を組み合わせた状況を示す。$R = 0.71204...$ のところで交差し、$R > 0.71204...$ について、

$$\frac{1}{2R} < R \sin\left(\frac{1}{R}\right)$$

であることを明らかにしている。このもっと複雑な方式を採用すれば、R が増えるにつれて、面積の節約がだんだん無視できなくなるような平行移動が行なえる。ここまで来ると、この平行移動は特別だ。

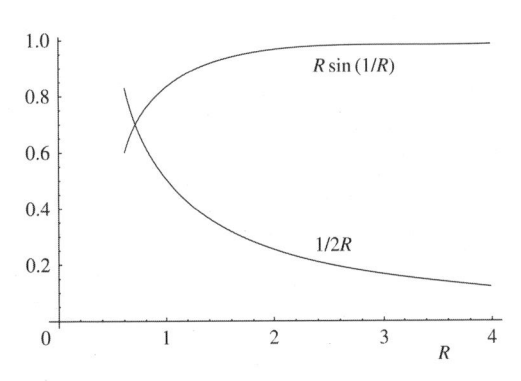

図 13.17

$$\lim_{R \to \infty}\left\{2R\sin^2\left(\frac{1}{2R}\right)\right\} = 0 \quad \text{および} \quad \lim_{R \to \infty}\left\{R\sin\left(\frac{1}{R}\right)\right\} = 1$$

は、この過程がだんだん針を垂直に下へ 1 単位平行移動する方へ向かうことを意味するからだ。

この任意に小さい面積を使って平行移動を達成する特殊な場合は、掛谷問題を解くのに必要な最終段階へ至る道を指し示す。ベスコヴィッチ集合は、多くの三角形を含んでいて、その一つ (T_L) は、元の三角形の左の辺に由来し、別の三角形 (T_R) は右の辺に由来する。針の向きを 90 度変えるためには、それを (T_L) の左の辺から (T_R) の右の辺へ、飛び石として三角形の残りの部分を使って、動かさなければならない。どんな三角形内部の動きでも、てっぺんの頂点を中心とする反時計回りの回転と、一方の右の辺からもう一つの平行な左の辺への平行移動による三角形間の移動によって行なわれる。この平行移動は、先の手順を適用すれば、針の延長上にあり、針の回転が必要なだけ小さくできるように十分に離れている二点 A、B を選べば、任意に小さい面積の中で行なえる。図 13.18 はこの手順を表している。

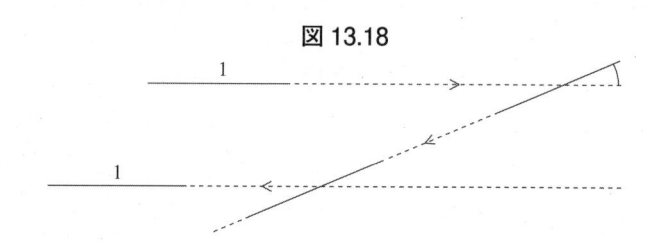

図 13.18

掛谷問題の解決

掛谷問題を解くためには、以下の戦略をとる必要がある。

(i) 針を、一端を上の頂点に置いて、T_L の左辺上に置く。
(ii) 針を、上の頂点を中心にして反時計回りに T_L の右辺に乗るま

で回転させる。

(iii) この辺に平行な辺をもつ三角形を定める。

(iv) その三角形の左辺まで針をもっていく平行移動手順を実行する。

(v) 針が T_R の右辺に乗るまで続ける。

ベスコヴィッチ集合の任意に小さい面積を、回転を行なうのに必要な任意に小さい面積の和に足すと、針を任意に小さい面積で90度回転させられる。別の直角三角形を加えると、針は180度回転できて、その線上に平行移動して元の位置に逆の順で戻る。問題は解決した。

リトルウッドは有名な『数学スクランブル』〔金光滋訳、近代科学社〕で、ベスコヴィッチは、掛谷の結果を確かめたことで二つの直観に反する現象の第一を確認したと述べている。もう一つは1947年、リトルウッドが「クラムの問題」の証明を再発見したときのことだ。これは、凸多面体のどんな対をとっても、少なくとも一部の面は共通になるようにしたとき、その凸多面体の最大の数を求める問題だった。答えは2次元のときは4で、3次元については10か12になるだろうと考えられていた。実は、3次元についてはベスコヴィッチ(その前にはティーツェ)が、その数に限界はないことを証明した。ベスコヴィッチは、ごく穏やかな問題のひとつにはゼロという不可解な答えを出し、別のやはり穏やかな問題には無限大という不可解な答えを出したことになる。

それで問題は完全に解けたのだろうか。答えはノーだ。2次元についてさえ解けていない。正三角形からデルトイドへ動くと、凸であるところが犠牲になり、デルトイドからベスコヴィッチ集合に移ると、別の重要なトポロジー上の特性、単連結が犠牲になる(この重要な用語は、単純な閉曲線が1点に縮められる領域と、それが必ずしも可能ではない領域とを区別する。たとえば、ふつうのジャム・ドーナツは穴がなく、単連結だが、穴がある輪のドーナツは単連結ではない)。デルトイドは明らかに単連結で、ベスコヴィッチ集合はそうではないのは意外なことではないだろう。面積が $\frac{1}{8}\pi$ より小さい単連結の領域はあるだろうか。誰も知らない。次元を高くすると、とてつもなく難

度があがり、本書を書いている段階では、まだ解かれていない。読者にお任せする。

これは巧妙で意外な答えがあるパズル以上のものだろうか。最近のあるフィールズ賞受賞者に見解を述べてもらおう。

> 一見すると、掛谷の問題とベシコヴィッチの答えは、数学的な好奇心の対象以上のものには見えない。しかし、この30年、この種の問題が徐々に、他の、一見すると無関係な、数論や、幾何学的組合せ数学、算術的組合せ数学、振動する積分、さらには分散型方程式や波動方程式の解析の問題につながっていることが認識されるようになってきた。

これは、この問題の世界的権威と考えられる、テレンス・タオの言葉だ。

こうした言葉を念頭に置いて、最後にもう一度バーコフの本からの抜き書きを添えて、掛谷の問題を離れることにしよう。

> 物理学はすべて数学的真理の基盤に依存していて、その真理の発見は知的好奇心によって速められてきたのだから、そのような好奇心には、証明された人類にとっての価値のために、高い地位を与えてよい。

第14章

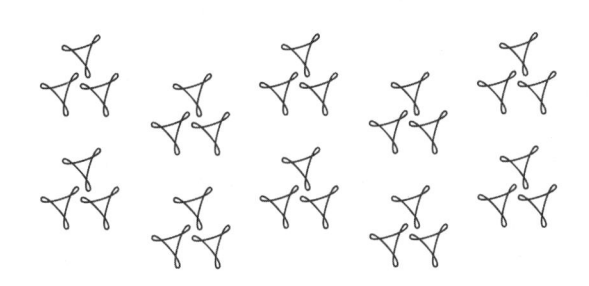

最善の選択

私からの助言です。結婚しなさい。良き妻を得れば、幸せになれますし、そうでなかったら哲学者になれます。

——ソクラテス

自然な選択

ドイツの数学者にして天文学者ヨハネス・ケプラーは二度結婚した。最初は1597年、バルバラ・ミューレックとで、その妻がコレラで亡くなり、1613年、ズーザンナ・ロイッティンガーと再婚した。最初の結婚は友人と仲人の斡旋で、二度目は自分で11人の候補を品定めして選んだ。2年近く、親の身分、持参金の額、各方面からの矛盾する助言などを秤にかけ、それぞれの利点を比較してあれこれと考えたのだから、慎重な婿と言わなければなるまい。やっと決心がつき、その判断について、1613年10月23日付の手紙で、シュトラーレンドルフ男爵なる人物に説明した。この女性が「愛、謙虚な誠実さ、実家の経済力、勤勉さ、継子に対する愛で私の心を捕えました」と書いた（亡くなった元の妻が前夫との間になした一人を入れなくても、子は3人いた）。そして「神は5番の女を選ぶようお導きになっていました」という。

本章では、非常に特異な選択手順に関心を向ける。答えは実に意外で、1/eを連分数で表したときの近似分数との間につながりがあり、それについては今のところ説明がついていない。

　この問題はふつう、最善の人選をするために各人と面接するという形で表され、秘書問題とか、スルタンの持参金問題とか、ケプラーにぴったりの、うるさい嫁取り問題とかの名がつけられてきた。一般的な形にすれば、大きさ n の集合があり、そこから最善のものを一つ選ぶことが求められるということだ。順番は無作為で、各人が評価され、だめと判定されるとその後は復活しない。一人が選ばれればそこで手順は終了する。その人が名簿の中の最善の人と期待される。最後の一人までだめとなると、その最後の人を選ばなければならない。

　問題——最善の人を選ぶ可能性を最大にするためには、どんな戦略が採用できるか。

　たとえば、最善の人を選ぶ可能性を50%とするなら、半分の人を評価してそこで最善の人を選ぶというのは、直観的に妥当なことだ。その半分に最高の人がいれば、その候補が選ばれるだろう。そうなる可能性は $\frac{1}{2}$ だ。つまり、最善の候補を選ぶ確率を $\frac{1}{2}$ とするために、$\frac{1}{2}n$ 人と面接しなければならない。もう少しつっこんで見てみよう。

　問題の由来はよくわからないが、イギリスの有名で多産な数学者、アーサー・ケイリーが、その一種を明瞭に述べた最初だったかもしれない。そう論じても的外れではなさそうだ。ケイリーが書いたとされる966本の論文のうち、705番の論文は、50頁の問題と、1871年から94年にかけて『エデュケーショナル・タイムズ』という業界新聞に投稿した答えを収録している。1875年の投稿の一つは次のようなものだった。

4528（ケイリー教授の説）。くじは次のような配置になっている。n 枚のくじがあり、それぞれ $a, b, c, \ldots$ ポンドに相当する。一人が1枚ずつ引く。そのくじを見て、その人が望めばもう一度引く（残りの $n-1$ 枚のくじから）。以下同様にして、全部で k 回を超えない回数引く。この人が、確率論に従って自分に最も有利になるよう

に引いているとしたら、その期待値はいくらか。

一般形との類似は十分明らかだが、まったく同じというわけではない。こちらでは、選ばれたくじに割り当てられた金額が利益であり、それは何ポンドでもありうるが、一般形の方では、最善が選ばれたかどうかによって決まる1か0のいずれかとなる。年月は過ぎて、変種は数も複雑さも増してきて、この問題やその親戚に関する文献はきわめて膨大になっている。以下はトマス・ファーガソンによる包括的な論文「秘書問題を解いたのは誰か」(1989, *Statistical Science* 4 (3): 282-89) に出てくる見解で、そこにはこう書かれている。

> そのとき以来、問題は広がり、多くの方向に一般化されてきたので、今や数学・確率論・最適化の分野に収まる一つの研究「分野」をなすと言えるほどだ。フリーマンの総説論文 (Freeman, 1983) から、この分野がどれほど広がり膨大になったかがわかる。さらに、この分野は、そのフリーマン論文が出てきて以後の間にも、指数関数的に成長し続けている。

ここで参照されているのは、P・R・フリーマンの「秘書問題とその拡張――論評」(1983, *International Statistical Review* 51 (2): 189-206) という論文で、「これまでこの問題とその拡張形について発表されたものすべてを論評」している。

戦略

これから検討する採用側のための戦略は次のようなものである。「リストに従って、最初の r 人の候補を面接して断り、それから、断った中で最善の候補よりも上の候補者に出会ったときに、その候補者を選ぶ」。

これがそもそも賢明な戦略だとして、大きな問題は、r の値をいくらにするかということだ。

変数 r を元にして、次のように戦略を分析することができる。

最善の人は B だとしよう。この最善の人が $(r+1)$ 番めの位置にいれば、確実に B が選べる。その確率は $1/n$ だ。B が $(r+2)$ 番の位置にいたとすると、$(r+1)$ 番を占めている人がそれまでの第 1 位となったら、B を選ぶところまで行けない。B までたどり着けば B を選ぶことになる。そうなる場合は、$(r+1)$ 番の人がそれまでの第 1 位ではない、つまり、$(r+1)$ 個の選択肢の中の第 1 位が最初の r 個の中にいればよい。この確率は、$r/(r+1)$ となる。B が $(r+2)$ 番の位置にいなければならず、これはやはり $1/n$ の確率でそうなるので、この場合、うまく行く確率は、

$$\frac{1}{n} \times \frac{r}{r+1}$$

となる。この手順は、B が $(r+3)$ 番、$(r+4)$ 番……にあるとして続き、それぞれのうまく行く確率

$$\frac{1}{n} \times \frac{r}{r+2}, \frac{1}{n} \times \frac{r}{r+3}, \cdots, \frac{1}{n} \times \frac{r}{n-1}$$

が得られる。これを足すと、最善の候補を得る確率が、

$$P(n,r) = \frac{1}{n}\left(1 + \frac{r}{r+1} + \frac{r}{r+2} + \frac{r}{r+3} + \cdots + \frac{r}{n-1}\right)$$

として得られる。

表 14.1 は、$P(n, r)$ の値を、$n = 1, 2, 3, \cdots, 11$ までについて示してあり、ケプラーがこの手法を使っていれば（使わなかったことに疑いはないが）、$P(11, 5) = 0.38438$ と読んで 6 番以降から選ぶのではなく、$P(11, 4) = 0.398413$ と読んで 5 番以降から選んだということになる。実は、史料によれば、ここで友人が介入してきて、ズーザン

表 14.1

n	1	2	3	4	5	6	7	8	9	10	11
1	1										
2	0.5	0.5									
3	0.5	0.3333	0.3333								
4	0.458333	0.416667	0.25	0.25							
5	0.416667	0.433333	0.35	0.2	0.2						
6	0.380556	0.427778	0.391667	0.3	0.166667	0.166667					
7	0.35	0.414286	0.407143	0.352381	0.261905	0.142857	0.142857				
8	0.324107	0.398214	0.409821	0.379762	0.318452	0.318452	0.232143	0.125			
9	0.301984	0.381746	0.405952	0.393122	0.352513	0.289683	0.208333	0.111111	0.125		
10	0.282897	0.365794	0.39869	0.398254	0.372817	0.327381	0.265278	0.188889	0.111111	0.1	
11	0.26627	0.350722	0.389719	0.398413	0.38438	0.352165	0.304798	0.244444	0.172727	0.0909091	0.0909091

ナ・ロイッティンガーは孤児で持参金も社会的地位もないからと、別の人にするよう説得した。ケプラーもそうした——4番を選ぼうとして断られもしている。結局、5番のズーザンナとは幸せに実のある年月を過ごし、子どももさらに6人できた。

与えられたnについて最適のrを求めるのは、とても単純と言えるものではないが、十分とは言えない数値演算をすれば、ここでも11章で触れた調和級数によって、喜ばしい前進ができる。調和級数は、

$$H_n = 1 + \frac{1}{2} + \frac{1}{3} + \frac{1}{4} + \cdots + \frac{1}{n}$$

と定義され、この無限級数は発散することを思い出そう。この調和級数で表すと、確率は

$$P(n,r) = \frac{1}{n}(1 + r(H_{n-1} - H_r))$$

となる。ここで調和級数は、γを、すでに126頁で見た、0.577216…というオイラー定数とすると、$H_n \approx \ln n + \gamma$とする近似で置き換えることができる。

すると式はこうなる。

$$\begin{aligned}P(n,r) &\approx \frac{1}{n}\{1 + r([\ln(n-1) + \gamma] - [\ln r + \gamma])\} \\ &= \frac{1}{n}\left(1 + r\ln\frac{(n-1)}{r}\right)\end{aligned}$$

図 14.1

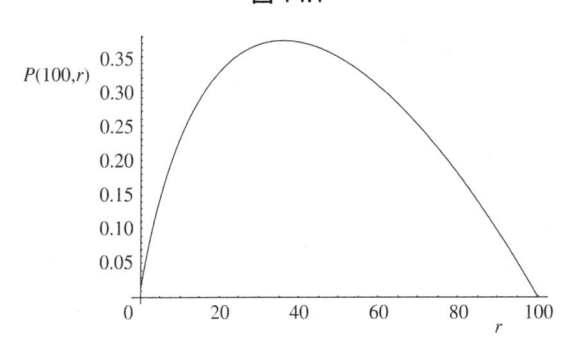

図 14.1 は $P(100, r)$ の r についてのグラフで、これはこの関数一般に典型的なふるまいを表している。

与えられた n について関数の値を最大にする r の値を求め、r を連続変数と扱えば、微積分法を使って関数の増減を調べ、次の式に達する。

$$\frac{dP(n,r)}{dr} = \frac{1}{n}\left(\ln\frac{n-1}{r} - r \times \frac{1}{r}\right) = \frac{1}{n}\left(\ln\frac{n-1}{r} - 1\right)$$

最大については、

$$\frac{dP(n,r)}{dr} = 0$$

でなければならず、ということは、

$$\ln\frac{n-1}{r} = 1 \quad \text{で、} \quad \frac{n-1}{r} = e$$

だということになる。従って、最大値は $r = (n-1)/e$ のとき、ある

いは正確に言えば、この値のどちらかの側にある整数値のときとなる。確率の最大値は次のようになる。

$$P\left(n, \frac{n-1}{e}\right) = \frac{1}{n}\left(1 + \frac{n-1}{e}\ln e\right)$$
$$= \frac{1}{n}\left(1 + \frac{n-1}{e}\right) \xrightarrow[n\text{を大きくする}]{} \frac{1}{n} \times \frac{n}{e} = \frac{1}{e} = 0.3678\ldots.$$

図 14.2

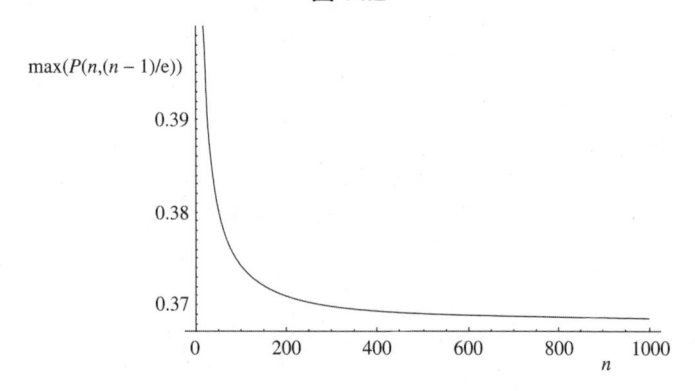

図 14.2 は、n の関数

$$P\left(n, \frac{n-1}{e}\right)$$

の最大値について、n を無限大に近づけたときのふるまいを示し、それが一定の値 1/e に近づくことを明らかにしている。

要するに、最初の 37％ ほどの人を評価して決まらない場合、最善の候補を選ぶ確率は 37％ ほどあることになる。

ここで関心があるのは、この 1/e という数だ。正確に言えば、とくに重要な分数による近似である。

連分数

連分数は、a_0 は整数とし（0 や負の数もありうる）、$a_1, a_2, \cdots$ はゼロでない正の整数として、次のような形をとる式である。

$$a_0 + \cfrac{1}{a_1 + \cfrac{1}{a_2 + \cfrac{1}{a_3 + \cfrac{1}{a_4 + \cdots}}}}$$

式は有限のこともあるし、永遠に続くこともある。標準的な分数表記はごちゃごちゃしているので、別の表記法 $[a_0; a_1, a_2, \cdots]$ が代わるようになった。セミコロンの左が分数部分の外にある整数で、右側でカンマに区切られたそれぞれの数が「部分商」と呼ばれるものを表す。

たとえば、

$$3 + \cfrac{1}{2 + \cfrac{1}{5 + \frac{1}{4}}} = 3 + \cfrac{1}{2 + \cfrac{1}{\left(\frac{21}{4}\right)}} = 3 + \cfrac{1}{2 + \frac{4}{21}}$$

$$= 3 + \cfrac{1}{\left(\frac{46}{21}\right)} = 3 + \frac{21}{46} = \frac{159}{46}$$

となり、簡潔な表記では、$[3; 2, 5, 4] = \frac{159}{46}$ となる。

一度に一つの項ずつ組み立てるとすると、

$$3 + \tfrac{1}{2} = \tfrac{7}{2} \quad \text{や} \quad 3 + \cfrac{1}{2 + \frac{1}{5}} = \tfrac{38}{11}$$

となり、それによって、連分数の「近似分数」が得られる。言い換えると、$\frac{159}{46}$ はおよそ $\frac{7}{2}$ であり、また $\frac{38}{11}$ であり、後になるほど近似の

精度は上がる。当然、有限の連分数は、こうして通常の分数に収まり、近似分数のそれぞれは、その分数に対する次々と精度が増す近似となる。通常の分数を連分数形式に変換するには、整数部分を取り外し、逆数分の一として、その手順を繰り返す。たとえば、

$$\frac{18}{13} = 1 + \frac{5}{13} = 1 + \frac{1}{(\frac{13}{5})} = 1 + \frac{1}{2 + \frac{3}{5}} = 1 + \frac{1}{2 + \frac{1}{(\frac{5}{3})}}$$

$$= 1 + \frac{1}{2 + \frac{1}{1 + \frac{2}{3}}} = 1 + \frac{1}{2 + \frac{1}{1 + \frac{1}{(\frac{3}{2})}}} = 1 + \frac{1}{2 + \frac{1}{1 + \frac{1}{(1 + \frac{1}{2})}}}$$

となり、$[1; 2, 1, 1, 2]$ とも表せて、やはり $\frac{18}{13}$ は、次々と(だんだん正確に)$\frac{3}{2}, \frac{4}{3}, \frac{7}{5}$ と近似できる。

無理数を連分数に変換する手順は、小数部分を有理数と同じように扱えばよい。たとえば、

$$\pi = 3 + 0.14159\cdots = 3 + \frac{1}{7.062513\ldots}$$

$$= 3 + \frac{1}{7 + \frac{1}{15.996594\ldots}}$$

$$= 3 + \frac{1}{7 + \frac{1}{15 + \frac{1}{1.003417\ldots}}}$$

$$= 3 + \frac{1}{7 + \frac{1}{15 + \frac{1}{1 + \frac{1}{292 + 0.654\ldots}}}}$$

のようになり、$\pi = [3; 7, 15, 1, 292, 1, 1, 1, 2, 1, 3, 1, 14, 2, 1, 1, 2, 2, 2, 2, 1, 84, \cdots]$ で、最初の方の近似分数は $\frac{22}{7}, \frac{333}{106}, \frac{355}{113}, \frac{103993}{33102}$ となる。最初の分数は、もちろん、π のおなじみの有理数近似だ。

$\pi^4 = [97; 2, 2, 2, 2, 16539, 1, \cdots]$ も成り立ち、その5番めの近似分数 $\frac{35444733}{363875}$ は、とくに正確な π^4 の有理数近似となる(したがってその4乗根もとくに正確な π の小数近似となる——小数第12位まで同じ数字が並ぶ)。

他の数を表す連分数式も、同様の方法で求められ、それを使わなければ隠れていたパターンが明らかになることがある。たとえば、

$\sqrt{2} = [1; 2, 2, 2, 2, \cdots]$ で、近似分数は $\frac{3}{2}, \frac{7}{5}, \frac{10}{7}, \cdots$,
$e = [2; 1, 2, 1, 1, 4, 1, 1, 6, 1, 1, 8, 1, 1, 10, 1, 1, 12, \cdots]$ で、近似分数は $\frac{5}{2}, \frac{8}{3}, \frac{11}{4}, \frac{19}{7}, \frac{73}{32}, \cdots$,

黄金比は

$\varphi = \dfrac{1 + \sqrt{5}}{2} = [1; 1, 1, 1, 1, \cdots]$ で、近似分数は $\frac{2}{1}, \frac{3}{2}, \frac{5}{3}, \frac{8}{5}, \cdots$ となる。

この最後の例が、これから向かいたい方向を指し示している。分子と分母を別々に考えると、フィボナッチ数列の並び、1, 1, 2, 3, 5, 8, 13, …が出てくる。本章の中心的な数 1/e の近似分数を同様にして分けた結果を見てみよう。

1/e の連分数式は

$$[0; 2, 1, 2, 1, 1, 4, 1, 1, 6, 1, 1, 8, 1, 1, 10, 1, 1, 12, 1, \ldots]$$

で、近似分数は

$$\frac{1}{2}, \frac{1}{3}, \frac{3}{8}, \frac{4}{11}, \frac{7}{19}, \frac{32}{87}, \frac{39}{106}, \frac{71}{193}, \frac{465}{1264}, \frac{536}{1457}, \cdots.$$

最善の選択

読者はこの数の連分数式に姿を見せはじめるパターンは識別できるだろうが、ここでの関心は、次々ととった近似分数の方だ。

面接者名簿の話と表14.1に戻ると、長さ2の名簿については最適な当初面接者の数は1で、長さ3についての最適当初面接者数は1、長さ8の面接者名簿については最適な当初面接回数は3、ケプラー風の長さ11の名簿なら、最適な当初面接者数は4などとなる。この数の対が、1/eの近似分数のそれぞれ分母と分子となる。

表 14.2

n	最適な r	$P(n, r)$ の最大値
2	1	0.500
3	1	0.500
8	3	0.4098
11	4	0.3984
19	7	0.3850
87	32	0.3715
106	39	0.3709
193	71	0.3695
1264	465	0.36813
1457	536	0.36810

表14.2は、1/eの近似分数の分母 (n) と分子 (r) が最適の組合せとなる例をもう少し示している。もっときついテストをすると、$n = 14665106$ という、1/eの20番めの近似分数の分母のときには、分子は5394991で、これが r の最適の値となる。言い換えると、与えられた n について最適の r は、$r \approx (1/e) \times n$ という近似を満たす。たまたま n が 1/e の近似分数の分母に等しければ、r はちょうど、その分数の分子となる。これは永遠に続くのだろうか。それについてはわからないし、知るかぎりでは、他の誰にもわかっていない。実に奇妙なことだ。

第 15 章

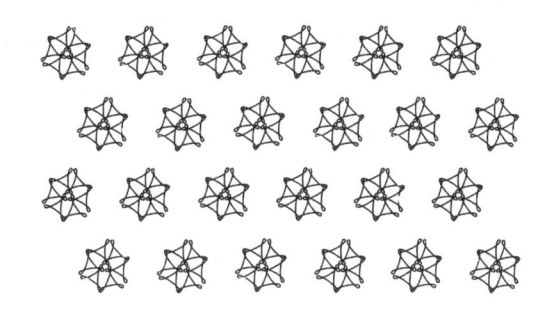

累乗の威力
<small>パワー・オヴ・パワーズ</small>

<small>そのゼロがどれだけ大きいか知っていれば役に立つことがある。</small>

<small>——不詳</small>

中身から考えると、「$\log_{10} 2$ が無理数であることのいくつかの帰結」という題の方が妥当だったかもしれない。しかしこのタイトルも成り立つ。以下の内容は、2^n の十進展開に関する、いくつかの意外な帰結にかかわるものだからだ。$\log_{10} 2$ は確かに無理数であることは付録（271頁）で証明し、ここではこれから何頁かで、その結果に訴えることに力を注ぐことにする。

たくさんの無

『計算機の数学』という学術誌での小論「連続して 0 が 8 個続く最初の 2 の累乗」（E. and U. Krast, "The first power of 2 with 8 consecutive zeroes," *Mathematics of Computation*, July 1964, 18 (87): 508）は、その題からうかがえるとおりのことを示している。つまり、2 の累乗を調べて行って、最初に 8 個のゼロが並ぶ数だ。著者として名を連ねる二人のクラストは、この小論が、F・グリュンバーガーの成果に基づくこ

とを言っている。グリュンバーガーは、ゼロが4個、5個、6個、7個並ぶ2の累乗を計算している。その結果と、両クラストが出した結果、および2個と3個の場合を、表15.1に載せた。

表 15.1

連続する ゼロの数	2の累乗 の指数
2	53
3	242
4	377
5	1 491
6	1 492
7	6 801
8	14 007

確認のために最初の例を取り上げると、

$$2^{53} = 9007199254740992$$

は、2の累乗の中で、0が連続して2個続く最初のものだ。2^{14007} は4217桁となって、全部書く余裕はないが、十進数で表したときの問題の箇所は、

$$\cdots 6603000000003213 \cdots$$

となる。

両クラストが使ったIBM 1620計算機は、1964年1月1日、この八つのゼロを見つけたが、それには1時間18分かかった。二人は同年5月1日、指数を6万まで試したが、なかなかつかまらない9個連続は見つからなかったことを伝えている。もしかすると、関心のある読者は、もっと最新の技術を使って同じ探索をしてみたいと思われるかもしれない。しかし一つだけ確かなことがある。理論的には、そ

の探索は無駄ではないだろう。9個連続だろうと900個だろうと9000個だろうと、どんな数でも好きなだけゼロが続くのは事実だからだ——ただ、そのときに出てくる数は、きっと想像を絶するほど大きいだろう。

この特異な事実を確認するために、『アメリカン・マセマティカル・マンスリー』誌の、「初歩的な問題と答え」を見ることにしよう。この記事では、E・J・バーが（とくに言えば）、以下に展開する簡潔な論証を出した（*American Mathematical Monthly*, December 1963, 70(10): 1101-1102）。

まず、無理数を有理数で近似する理論から言える帰結が必要で、証明は付録にある（277頁）。

任意の無理数 λ と正の整数 k が与えられていれば、$n \leq k$ として、$\lambda - m/n < 1/nk$ となるような有理数 m/n がある。

とくに、$\log_{10} 2$ は無理数なので、この結果は、

$$0 < \log_{10} 2 - \frac{m}{n} < \frac{1}{nk},$$
$$0 < n \log_{10} 2 - m < \frac{1}{k}$$

となり、10^x は単調増加なので、

$$10^0 < 10^{n \log_{10} 2 - m} < 10^{1/k},$$
$$1 < 2^n \times 10^{-m} < 10^{1/k},$$
$$10^m < 2^n < 10^m \times 10^{1/k}$$

ここで k を十分大きくとり、何かの整数を選んで s としたとき、$10^{1/k} \leq 1 + 10^{-(s+1)}$ となるようにすると、$10^m < 2^n < 10^m \times (1+10^{-(s+1)})$ で、これはつまり、$10^m < 2^n < 10^m + 10^{m-s-1}$ ということになり、2^n が 1 の後に少なくとも $m - (m - s - 1) - 1 = s$ 個の連続するゼロが続くことを

保証する。

大きいものの始まり

上記の証明は、十進数に展開したときに最初の1の後に出てくるゼロを見ているが、連続するゼロが、この数全体の中のどこかに存在しうることの証拠にはなる（その証明もいくつかある）。このように特殊化していても、これはここでの目的にはかなう。本章の原動力は、負でない整数を選んだとき、それがどれほど長くても、どんな並び方をしていても、その整数をなす列で始まる2の累乗が少なくとも一つはあるということだからだ。

出発点を単純にして、2の累乗の先頭の一桁が1, 2, 3, ……9で始まるものを求めると、図15.2が得られる。7と9はなかなか出てこないことに注目しよう。9が出てくるのは、初めて二つのゼロが続く数と同じものだ。

表 15.2

最初の一桁	指数	その指数まで累乗した数
1	4	16
2	1	2
3	5	32
4	2	4
5	9	512
6	6	64
7	46	$7.036\cdots \times 10^{13}$
8	3	8
9	53	$9.0072\cdots \times 10^{15}$

もっと贅沢になって、十進展開すると本書の刊行年の2008で始まるものを求めると、$2^{197} = 2008\cdots$まで行かなければならない。もっと望みを高くすると、次のような列も得られる。

$$2^{47} = 14\ldots, \qquad 2^{243} = 141\ldots,$$
$$2^{6651} = 1414\ldots, \qquad 2^{35389} = 14142\ldots$$

こうして $\sqrt{2}$ を十進展開した数の上何桁かを生成することができる。こうして得られた巨大な数を、しかるべき 10 の累乗で割っておとなしい数にすれば、

$$\frac{2^{35389}}{10^{\lceil 35389 \log 2 \rceil - 1}} = 1.41412\cdots \sim \sqrt{2}$$

が得られる。もっと先の桁まで求めれば、好きなだけ求めることはできるが、関係する数は膨大になる（式にある「$\lceil x \rceil$」の表記は、x の天井関数と呼ばれるもので、付録で解説してある［272 頁］）。

他の魅力的な例に移れば、次のようなものも得られる。

$$\frac{2^{51684}}{10^{\lceil 51684 \log 2 \rceil - 1}} = 2.7182\cdots \sim e,$$
$$\frac{2^{55046}}{10^{\lceil 55046 \log 2 \rceil - 1}} = 3.1415\cdots \sim \pi$$

もちろん、これらの 2 の累乗は、とてつもなく大きな数を生む。どれだけ大きいかについて何かのイメージをつかむには、厚さ 0.1 mm の紙を 100 回次々に二つ折りにすれば（！）、厚さは 0.1×2^{100} mm となり、これは最も遠い銀河までの距離よりも大きくなる。

今度は、どんな数字の並びでも、2 の何かの累乗の先頭の桁になりうることを証明しなければならない。これを達成するために依拠する論証は、A・M・ヤグロムと I・M・ヤグロムによる 2 点の数学問題集のうち、最初の本（A. M. Yaglom and I. M. Yaglom, *Challenging Mathematical Problems with Elementary Solutions*, Dover, 1987）で見せ、ロス・ホンスバーガーが『数学の巧みさ』（Ross Honsberger, *Ingenuity in Mathematics*, Mathematical Association of America, 1970）

で拡張したものだ。ここではそれをさらに拡張するが、論証は実に「初等的」であり、また「巧み」である——きわめて絶妙で、教えられることも大きいとも言えるだろう。まず、問題の命題をそれと同等な形式に書き換える。

書き換え

先の $\sqrt{2}$ の例を考えると、問題はこんなことを考えることに置き換えられる。

$$14142\cdots \leq 2^n < 14143\cdots$$

となるような正の整数 n はあるか。そのような n が存在するなら、14142 で始まる 2^n が確かにあることになる。そこで省略した…の部分を、しかるべき 10 の累乗で置き換えると、次のことが得られる。

$$14142 \times 10^k \leq 2^n < 14143 \times 10^k$$

一般に、M という並びで始まる 2 の累乗が欲しければ、

$$M \times 10^k \leq 2^n < (M+1) \times 10^k$$

となるような、正の整数 k と n が必要となり、不等式全体に、単調増加する $\log_{10}$ 関数を適用すれば、

$$\log_{10}(M \times 10^k) \leq \log_{10} 2^n < \log_{10}((M+1) \times 10^k)$$

となる。

よく見る対数の法則を使えば、書き換えたものは次のようになる。
与えられた正の整数 M について、

$$k + \log_{10} M \le n \log_{10} 2 < k + \log_{10}(M+1)$$

となるような、正の整数 k と n を必要とする。

証明

そのような k と n が存在することを示すには、すでに得られている二つの結果を必要とする。付録（273頁）で解説した鳩の巣論法と、対数と床関数（付録［275頁］）の相互関係から生じる事実で、それを応用すると、

$\lfloor \log_{10}(M+1) \rfloor = \lfloor \log_{10} M \rfloor$:　　$M+1$ は 10 の累乗ではない。
$\lfloor \log_{10}(M+1) \rfloor = \lfloor \log_{10} M \rfloor + 1$: $M+1$ は 10 の累乗。

これらの部品をしかるべくはめ込むと、ひどく回り道をするが、証明を進めることができる。

$l = \log_{10} M$ と $r = \log_{10}(M+1)$ と置き、半開区間 $[l, r)$ を定義すると、その区間の長さは、$M \ge 1$ なので、

$$\begin{aligned} r - l &= \log_{10}(M+1) - \log_{10} M = \log_{10}\left(\frac{M+1}{M}\right) \\ &= \log_{10}\left(1 + \frac{1}{M}\right) \le \log_{10} 2 < 1 \end{aligned}$$

そこで、この区間（長さは 1 より小さい）を、右に 1 単位長ずつずらすと、図 15.1 に示したような、$i = 1, 2, 3, \ldots$ について、重なりのない、半開区間の無限集合 $[l_i, r_i) = [i + l, i + r)$ が得られる。

図 15.1

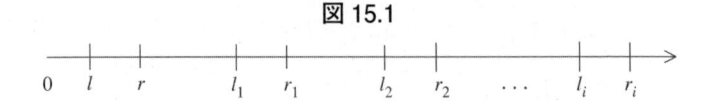

```
|————|——|————|——|————|——|————————|————|——>
0    l  r    l₁ r₁   l₂ r₂   ⋯    lᵢ  rᵢ
```

以上のことをしたうえで、正の数による半直線を、周の長さが1単位長の円周上に、反時計回りに巻きつける。つまり、この線は何度もきりなく重なり合う。直線上の、差が整数となる数は、円周上の同じ点に移され、逆も言える。とくに、l_i のすべては、同じ点Lに写され、r_i はすべて、同じ点Rに写される。状況は図15.2に示してある。点Oを原点とする。このLとRが、先の二重の不等式の外側の値を与える。

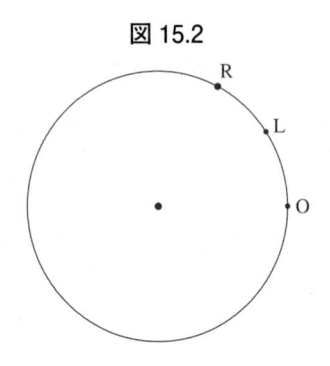

図 15.2

さて、$\log_{10} 2$ の倍数を、二重の不等式の中心に収めなければならず、そのために、数直線上の数の無限集合

$$\log_{10} 2,\ 2\log_{10} 2,\ 3\log_{10} 2,\ \ldots,\ n\log_{10} 2,\ \ldots$$

を考え、その円周上の像を、$C_1, C_2, C_3, \cdots, C_n, \cdots$ と表記する。これは円周上を、$\log_{10} 2$ の長さ刻みでぐるぐる回り、どの二つも重なることはない。もしそういうことになれば、何かの整数 m について、

$$a \log_{10} 2 - b \log_{10} 2 = m$$

ということになり、そうなると、$\log_{10} 2 = m / (a - b)$ となって、有理数となるからだ。この数が無理数であることが、あらためて顔を出す。

そこで、有限の長さの（明らかに）円の上の別々の点の無限の列が得られる。つまり、与えられたどんな数よりも小さい間隔の2点があるということで、これは先の鳩の巣論法の応用に他ならない。そのような二つの点に、LとRの2点よりも近くなるようにして、それを、図15-3に示すように$C_p \, C_{p+q}$と名づける。関数Aを弧の長さとすると、$A(C_p \, C_{p+q}) < A(\text{LR})$ になるということだ。

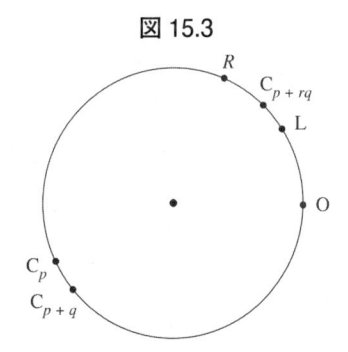

図 15.3

そこで、数直線上の数、

$p \log_{10} 2, (p + q) \log_{10} 2, (p + 2q) \log_{10} 2, \cdots (p + rq) \log_{10} 2, \cdots$ に対応する点 $C_p, C_{p+q}, C_{p+2q}, \cdots, C_{p+rq}, \cdots$ という無限の列を考えよう。すると、隣接する各対は円周上で$q \log_{10} 2$ずつ離れているので

$$A(C_p C_{p+q}) = A(C_{p+q} C_{p+2q}) = A(C_{p+2q} C_{p+3q}) = \cdots$$
$$= A(C_{p+(r-1)q} C_{p+rq}) = \cdots = q \log_{10} 2 < A(\text{LR})$$

となる。

この点列は1周ごとに$A(\text{LR})$よりも小さい長さの間隔で円周上を

めぐることになり、少なくともそのひとつは弧 LR 上にある。そのようなものを C_{p+rq} とすると、

$$A(\mathrm{OL}) \leq A(\mathrm{OC}_{p+rq}) < A(\mathrm{OR})$$

となる。今度はこの弧の長さの不等式を、対応する数直線上の数の不等式に変換する。数直線上で $x = \mathrm{OX}$ とすると、その円周上への写像は、$A(\mathrm{OX})$ が、x の端数 $= \{x\} = x - \lfloor x \rfloor$ となるような点 X である。

このことを、数直線上の点 $l = \mathrm{OL}, r = \mathrm{OR}, (p+rq)\log_{10} 2 = \mathrm{OC}_{p+rq}$ にあてはめると、次が得られる。

$$l - \lfloor l \rfloor \leq (p+rq)\log_{10} 2 - \lfloor (p+rq)\log_{10} 2 \rfloor < r - \lfloor r \rfloor,$$

$$\log_{10} M - \lfloor \log_{10} M \rfloor \leq (p+rq)\log_{10} 2 - \lfloor (p+rq)\log_{10} 2 \rfloor$$
$$< \log_{10}(M+1) - \lfloor \log_{10}(M+1) \rfloor,$$

$$\lfloor (p+rq)\log_{10} 2 \rfloor - \lfloor \log_{10} M \rfloor + \log_{10} M \leq (p+rq)\log_{10} 2$$
$$< \lfloor (p+rq)\log_{10} 2 \rfloor - \lfloor \log_{10}(M+1) \rfloor + \log_{10}(M+1).$$
$$\tag{15.1}$$

217 頁の書き換えに出てくる k は、

$$k = \lfloor (p+rq)\log_{10} 2 \rfloor - \lfloor \log_{10} M \rfloor$$

で、これが正であることを確実にするために、r としては大きい数を選ぶ。

最後に、二重の不等式の右側にある $\lfloor \log_{10}(M+1) \rfloor$ の項を取り上げ、二つの場合を考えなければならない。

$M + 1$ が 10 の累乗ではない場合。

217 頁の最初の結果、$\lfloor \log_{10}(M+1) \rfloor = \lfloor \log_{10} M \rfloor$ を使うと、不等式は

$$\lfloor (p+rq)\log_{10}2 \rfloor - \lfloor \log_{10}M \rfloor$$
$$+ \log_{10}M \le (p+rq)\log_{10}2$$
$$< \lfloor (p+rq)\log_{10}2 \rfloor - \lfloor \log_{10}M \rfloor + \log_{10}(M+1)$$

と書けて、その結果、

$$k + \log_{10}M \le (p+rq)\log_{10}2 < k + \log_{10}(M+1)$$

となり、これが求める結果だった。

$M+1$ が 10 の累乗の場合。

$\{x\} = x - \lfloor x \rfloor$ が x の小数部分を表すので、方程式 15.1 の中央の部分は、1 より小さくなければならず、したがって、不等式は

$$\log_{10}M - \lfloor \log_{10}M \rfloor \le (p+rq)\log_{10}2 - \lfloor (p+rq)\log_{10}2 \rfloor < 1$$

と書き換えられる。そこで、217 頁の第 2 の結果を使って、

$$\lfloor \log_{10}(M+1) \rfloor - \lfloor \log_{10}M \rfloor = 1$$

が得られ、したがって、

$$\log_{10}M - \lfloor \log_{10}M \rfloor \le (p+rq)\log_{10}2 - \lfloor (p+rq)\log_{10}2 \rfloor$$
$$< \lfloor \log_{10}(M+1) \rfloor - \lfloor \log_{10}M \rfloor$$

となる。しかしここで $\log_{10}(M+1)$ は**整数**なので、

$$\log_{10}(M+1) = \lfloor \log_{10}(M+1) \rfloor$$

であり、これは、

$$\log_{10} M - \lfloor \log_{10} M \rfloor \le (p + rq) \log_{10} 2 - \lfloor (p + rq) \log_{10} 2 \rfloor$$
$$< \log_{10}(M + 1) - \lfloor \log_{10} M \rfloor$$

ということであり、また

$$\lfloor (p + rq) \log_{10} 2 \rfloor - \lfloor \log_{10} M \rfloor + \log_{10} M \le (p + rq) \log_{10} 2$$
$$< \lfloor (p + rq) \log_{10} 2 \rfloor - \lfloor \log_{10} M \rfloor + \log_{10}(M + 1)$$

なので、やはり、

$$k + \log_{10} M \le (p + rq) \log_{10} 2 < k + \log_{10}(M + 1)$$

となる。結果を書き換えたものは、与えられた正の整数について、正の整数 k と n を、

$$k + \log_{10} M \le n \log_{10} 2 < k + \log_{10}(M + 1)$$

が成り立つようにしなければならないということだった。$n = p + rq$ と $k = \lfloor (p + rq) \log_{10} 2 \rfloor - \lfloor \log_{10} M \rfloor$ とすれば、まさにそれが得られる。

均等分布と確率

あらためて表15.2 を見ると、その乏しい情報を使って、もっともな問いを処理する指針にすることができる。無限の可能性すべての中で、最初の一桁が 1 から 9 までになる 2^n となる数のそれぞれの比率はどれだけか。

たぶん、二つのうちの一つをとるのが自然だろう。

・長期的には均一になって、最初の桁の比率は九つの可能性について一定となる。答えは $\frac{1}{9}$。

・はっきりしないが、7 と 9 のふるまいはあやしい。もしかすると何かの理由で、他の数字は同じ可能性で、この二つだけが特殊なのかもしれない。

実は、どちらの答えも正しくなく、ことの真相をはっきりさせるためには、もう一度だけ、$\log_{10} 2$ が無理数であることを必要とする——このことは、「ワイルの均等分布定理」とも呼ばれ、解析的数論では重要な定理であり、20 世紀前半の傑出した数学者、ヘルマン・ワイルによって確かめられた。元の形では、次にように表される。

　任意の無理数 α について、数列 $\{\{n\alpha\} = n\alpha - \lfloor n\alpha \rfloor : n = 1, 2, 3, \cdots\}$ は、1 を法として均等に分布する。
モジュロ・ワン

　正確な（かつ細かい）定義を言えば、数列 $\{x_n : n = 1, 2, 3, \cdots\}$ は、すべての区間 $(a, b) \subset [0, 1]$ について、

$$\lim_{n \to \infty} \frac{N[\{\{x_1\}, \{x_2\}, \{x_3\}, \ldots, \{x_n\}\} \cap (a, b)]}{n} = b - a$$

となるとき、その数列は「1 を法として均等分布する」と言う。

　言い換えると、長期的に見て、どんな部分区間に収まるものでも、x_n の小数部分の割合は、区間の長さそのものになるということだ。たとえば、区間 $(0.6, 0.8)$ は区間 $(0, 1)$ の長さの 20% を占めるから、小数部分が 0.6 から 0.8 の間に収まる x_n の列の数の割合は、0.2 に近づくということだ。

　α が無理数であることが決め手になることに注目しよう。たとえば $\alpha = \frac{4}{9}$ を考えると、列

$$\{\{n \times \tfrac{4}{9}\} : n = 1, 2, 3, \ldots\} = \{\tfrac{4}{9}, \tfrac{8}{9}, \tfrac{3}{9}, \tfrac{7}{9}, \tfrac{2}{9}, \tfrac{6}{9}, \tfrac{1}{9}, \tfrac{5}{9}, 0, \tfrac{4}{9}, \ldots\}$$

は循環し、九つの分数が（0 を含めて）同じ確率で登場し、これは明

らかに均等分布を満たさない（実は、この有限の繰り返しが、α が有理数であることの必要かつ十分条件であることを示すのは易しい）。

さて、このことが、2^N の最初の桁の分布にどう役立つかを見よう。

$$d \times 10^n \leq 2^N < (d+1) \times 10^n$$

なら、2^N の最初の桁は d となることはわかっている。そこから、次のように N を使って n を求めることができる。

$$d \leq \frac{2^N}{10^n} < (d+1)$$

ここでも、$\log_{10}$ が単調増加であることを使えば、

$$\log_{10} d \leq \log_{10}\left(\frac{2^N}{10^n}\right) < \log_{10}(d+1),$$
$$0 \leq \log_{10} d \leq \log_{10}\left(\frac{2^N}{10^n}\right) < \log_{10}(d+1) \leq 1,$$
$$0 \leq \log_{10}\left(\frac{2^N}{10^n}\right) < 1,$$
$$\left\lfloor \log_{10}\left(\frac{2^N}{10^n}\right) \right\rfloor = 0,$$
$$\lfloor \log_{10} 2^N - n \rfloor = 0$$

となって、これは両者の差が 1 よりも小さいことを意味する。また n は整数なので、

$$n = \lfloor \log_{10} 2^N \rfloor$$

とならなければならない。

ここで元の不等式に戻ると、$n = \lfloor \log_{10} 2^N \rfloor$ なので、次のことに至る。

$$\log_{10}(d \times 10^n) \leq \log_{10} 2^N < \log_{10}((d+1) \times 10^n),$$
$$\log_{10}(d \times 10^n) \leq \lfloor \log_{10} 2^N \rfloor + \{\log_{10} 2^N\}$$
$$< \log_{10}((d+1) \times 10^n),$$
$$\log_{10} d + n - \lfloor \log_{10} 2^N \rfloor \leq \{\log_{10} 2^N\}$$
$$< \log_{10}(d+1) + n - \lfloor \log_{10} 2^N \rfloor,$$
$$\log_{10} d \leq \{N \log_{10} 2\} < \log_{10}(d+1)$$

ワイルの均等分布定理によって、$\{N \log_{10} 2\}$ は 1 を法として均等分布なので、

$$P[\log_{10} d \leq \{N \log_{10} 2\} < \log_{10}(d+1)]$$
$$= \log_{10}(d+1) - \log_{10} d = \log_{10}\left(\frac{d+1}{d}\right) = \log_{10}\left(1 + \frac{1}{d}\right)$$

したがって、驚くべき事実

$$2^N \text{ の最初の桁が } d \text{ となる確率} = \log_{10}\left(1 + \frac{1}{d}\right)$$

が得られる。表 15.3 に、それぞれの確率を示す。

表 15.3

d	確率
1	0.301 03
2	0.176 09
3	0.124 93
4	0.096 91
5	0.079 18
6	0.066 94
7	0.057 99
8	0.051 15
9	0.045 75

そのうえで、同じ論法を、何桁でもいい数字の列 M にもあてはめると、次のような一般的な結果が得られる。

$$2^N \text{が数字の列 } M \text{ で始まる確率} = \log_{10}\left(1 + \frac{1}{M}\right)$$

先の例に戻れば、

$$\begin{aligned}
2^N \text{ が 2008 で始まる確率} &= \log_{10}\left(1 + \frac{1}{2008}\right) \\
&= 0.000\,216\,2\ldots
\end{aligned}$$

$$\begin{aligned}
2^N \text{ が 14142 で始まる確率} &= \log_{10}\left(1 + \frac{1}{14\,142}\right) \\
&= 0.000\,030\,70\ldots
\end{aligned}$$

$$\begin{aligned}
2^N \text{ が 27182 で始まる確率} &= \log_{10}\left(1 + \frac{1}{27\,182}\right) \\
& 0.000\,015\,976\ldots
\end{aligned}$$

$$\begin{aligned}
2^N \text{ が 31415 で始まる確率} &= \log_{10}\left(1 + \frac{1}{31\,415}\right) \\
& 0.000\,013\,82\ldots
\end{aligned}$$

となる。本章の話をあらためて眺めてみると、読者は 2 という数が結果に本質的なわけではないことがわかるだろう。$\log_{10} a$ が無理数なら、つまり、a が 10 の有理数乗でないなら、a はどんな数でもよい。とくに言えば、このことが意味するのは、最後に見た上何桁かの部分分布は、最初に思われたよりも一般的だということだ――想像できるよりもずっと一般的だ。そのことから、見事に次の章につながる。

第 16 章

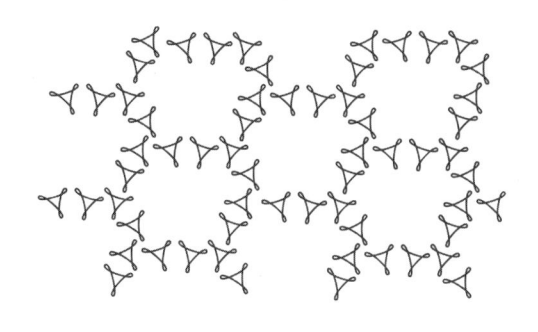

ベンフォードの法則

大きな逆説は、何十年、時には何世紀にもわたり、論理的思考の糧となる。
——ニコラ・ブルバキ

最初のいくつかの桁

前章の終わりに、強力なワイル均等分布定理を使って、2 の累乗の最初の桁が、$\{1,2,3,\ldots,9\}$ で一様に分布しておらず、

$$2^n \text{ の最初の桁が } d \text{ である確率 } = \log_{10}\left(1 + \frac{1}{d}\right)$$

という法則に従っていることを見た。さらに、2 を 10 の有理数乗ではないどんな数に入れ替えても、同様にこの現象が存在することも論証した。もしかすると、このふるまいは、整数の累乗の性質かもしれない。そこで、英領ソロモン諸島のホニアラにいる電力使用者 1243 人分の、1969 年 10 月の電力消費量（キロワット・アワーで表す）を考えてみよう。表 16.1 は、使用量の最初の桁が 1 から始まって各数字になる比率を、対数による公式から出てくる値と並べてまとめてある。

表 16.1

d	対数	ホニアラ
1	0.301 03	0.316
2	0.176 09	0.167
3	0.124 93	0.116
4	0.096 91	0.087
5	0.079 18	0.085
6	0.066 94	0.064
7	0.057 99	0.057
8	0.051 15	0.050
9	0.045 75	0.057

　もちろん、ぴったり合致するわけではないが、均等に 0.1111... と分布するとした場合よりは、驚くほど近い。何かが数学の累乗(パワー)と電力(パワー)とをつなげているように見える。確かに何かがある。それがベンフォードの法則だ。

　1881 年、アメリカの数学者で天文学者のサイモン・ニューカムが、『アメリカン・ジャーナル・オヴ・マセマティックス』誌に寄稿した("Note on the frequency of use of the different digits in natural numbers," 1881, 4(1): 39-40)。その論文は次のように始まる。

　10 種の数字が等しい頻度では出てこないのは、対数表をよく利用する人なら誰でも明らかだと思うにちがいない。表の最初の頁の方が、後の方の頁よりも早くすり切れる。最初の桁の数字は他の数字よりも 1 の方が頻度が高く、9 に向かって進むにつれて頻度は下がる。

半導体チップが発明されるよりはるか前のこの時代、単純な計算以外は何でも対数表に依存していた。この表は本にまとめられており、数学者や科学者の仕事場には普通に見られるものだった。ニューカムは、自分も持っているこの対数表の本が、後の方よりも最初の方がよく使われることを示す兆候を明らかにしたが、対数表は昇順に並んでいる

ので、これは、計算に使われる数の最初の方の桁では、大きい数よりも小さい数の方が多いことをうかがわせていた。この論文でニューカムは、数字 d で始まる数の割合は、直観的には $\frac{1}{9}$ になりそうだが、そうではなく、経験則では、先の $\log_{10}(1+1/d)$ になることを唱えていた。

厳密な根拠はなかなか与えられず、1938年までは数学界の暗がりで悩んでいた。この年、フランク・ベンフォードというジェネラル・エレクトリック社の物理学者が、「変則的な数の法則」という論文を発表した（"The law of anomalous numbers," *Proceedings of the American Philosophical Society*, 1938, 78: 551-72）。そこでは、自然に生じる数20229個について、最初の方に出てくる数の頻度の表を編纂していた。表16.2にそれを再現してある。これはベンフォードが、いくつかの新聞や、町の人口など、広い範囲の典拠から抽出したものだった。均等分布ではなく、対数分布の法則の方が説得力があった。とくに下から2行め、つまりデータの平均のところは、対数モデルと見事に合致している。この現象はその後、ベンフォードの法則と呼ばれるようになった。

何らかの根拠

重要でもっともな所見が2件出されている。

一つは、ベンフォードの法則が本当に成り立つなら、それはわれわれが用いている数の体系に内在する性質としてそうなるのでなければならない。たとえば、北アメリカのアラワク族が用いる五進数方式でも、オリノコ川沿いのタマナ族が使う二十進数方式でも、はたまたバビロニア人の六十進法でも、19までは十進法を使い、20から99までは二十進法を使い、また十進法に戻る、風変わりなバスク方式についても、成り立たなければならない。法則はきっと、何進法かには依存しないはずだ。

もう一つは、測定単位を変えても、有効数字の最初の桁の頻度には違いがないにちがいない。ラルフ・A・ライミは、この問題の進展に

表 16.2

数字の出どころ	最初の桁									標本数
	1	2	3	4	5	6	7	8	9	
川、流域面積	31.0	16.4	10.7	11.3	7.2	8.6	5.5	4.2	5.1	335
人口	33.9	20.4	14.2	8.1	7.2	6.2	4.1	3.7	2.2	3259
物理定数	41.3	14.4	4.8	8.6	10.6	5.8	1.0	2.9	10.6	104
新聞記事に出てくる数字	30.0	18.0	12.0	10.0	8.0	6.0	6.0	5.0	5.0	100
比熱	24.0	18.4	16.2	14.6	10.6	4.1	3.2	4.8	4.1	1389
圧力	29.6	18.3	12.8	9.8	8.3	6.4	5.7	4.4	4.7	703
HP 損失	30.0	18.4	11.9	10.8	8.1	7.0	5.1	5.1	3.6	690
分子量	26.7	25.2	15.4	10.8	6.7	5.1	4.1	2.8	3.2	1800
排水量	27.1	23.9	13.8	12.6	8.2	5.0	5.0	2.5	1.9	159
原子量	47.2	18.7	5.5	4.4	6.6	4.4	3.3	4.4	5.5	91
$n^{-1}, n^{1/2}$	25.7	20.3	9.7	6.8	6.6	6.8	7.2	8.0	8.9	5000
デザイン	26.8	14.8	14.3	7.5	8.3	8.4	7.0	7.3	5.6	560
「リーダーズ・ダイジェスト」のデータ	33.4	18.5	12.4	7.5	7.1	6.5	5.5	4.9	4.2	308
原価データ	32.4	18.8	10.1	10.1	9.8	5.5	4.7	5.5	3.1	741
X線電圧	27.9	17.5	14.4	9.0	8.1	7.4	5.1	5.8	4.8	707
アメリカン・リーグ	32.7	17.6	12.6	9.8	7.4	6.4	4.9	5.6	3.0	1458
黒体	31.0	17.3	14.1	8.7	6.6	7.0	5.2	4.7	5.4	1165
住所	28.9	19.2	12.6	8.8	8.5	6.4	5.6	5.0	5.0	342
数学の定数	25.3	16.0	12.0	10.0	8.5	8.8	6.8	7.1	5.5	900
死亡率	27.0	18.6	15.7	9.4	6.7	6.5	7.2	4.8	4.1	418
平均	30.6	18.5	12.4	9.4	8.0	6.4	5.1	4.9	4.7	1011
確率誤差 (+ve/−ve)	0.8	0.4	0.4	0.3	0.2	0.2	0.2	0.2	0.3	

関する総説（Ralph a. Raimi, "The first digit problem, *American Mathematical Monthly*, 1976, 83: 521-538）に、次のように書いている。

> ロジャー・ピンカムは、基礎的なアイデアはR・ハミングのものとしながら、ベンフォードの法則を含意するのに十分な、別種の確率モデルに付与される不変性原理を提示した。（たとえば）物理的定数の表、あるいは国や湖の面積の表を、別の測定単位系にして、フット・ポンドの代わりにエルグを使い、ヘクタールの代わりにエーカーを使っても、結果は、すべての項目が元の表で対応する項目に同じ数を掛けた、別の数の表になる。この世のすべての表の最初の桁が、スティグラーであれ、ベンフォードであれ、他の誰かであれ、決まった分布法則に従うなら、その法則は、選ばれた単位系には無関係にならざるをえない。神がメートル法を好むとか、英国方式を好むとか、そういうことは知られていない。つまり、最初の桁に関する普遍的な法則は、存在するとすれば、スケール不変でなければならない。

先の電力消費量の例に戻ると、単位としてキロワットアワーが用いられようと、他の単位が用いられようと、それはどうでもいいはずだ。当時ニューブランスウィック（ニュージャージー州）のラトガース大学ロジャー・ピンカムは、スケール不変がベンフォードの法則を含意することを明らかにする論文を書いていた（"On the distribution of first significant digits," *Annals of Mathematical Statistics*, 1961, 32: 1223-1230）。

1995年、ジョージア工科大学のセオドア・ヒルは、別の取り扱いをしてみせた。こちらで明らかになったのは、分布するものが無作為に選ばれ、その分布から標本が無作為に選ばれるなら、選ばれたそれぞれの分布がベンフォードの法則に合致していなくても、合わせた標本の有効数字頻度は、この法則に合致するところへ収束することだった（"A statistical derivation of the significant-digit law," *Statistical Science*, 1995, 10: 354-363）。ある意味で、ベンフォードの法則は分布

の分布である。

そうは言っても、ベンフォードの法則に従わない数の集合も多い。一方の極には無作為の数があり、もう一方の極には、一様分布であれ正規分布であれ、他の統計的分布に支配される数がある。データが法則に合致するには、データはそれに合う程度の構造を必要とするらしい。

一つの論証

ベンフォードの法則を「証明する」のは、よくある数学の証明とは違う。この定理を正確に言葉にすることさえ難しいが、どう見ても関係するに違いないスケール不変という性質に従って、それに向かうことにする。

単位の変更は、何らかの倍率を掛けることで行なわれる。何かの測定可能な量について、上一桁はもともと一様に分布していると仮定し、そのうえで、たとえば数値を2倍して単位を変更するものとしよう。元の単位で表した数の有効数字の最初の桁が5, 6, 7, 8, 9のいずれかだったら、倍率を掛けた数は1から始まらざるをえないなどのことになり、そのふるまいは表16.3に示した。またそれを棒グラフにしたのが図16.1である。上一桁の数字の頻度が、倍率を掛ける前には均

表 16.3

区間	2倍した最初の桁
[1, 1.5)	2
[1.5, 2)	3
[2, 2.5)	4
[2.5, 3)	5
[3, 3.5)	6
[3.5, 4)	7
[4, 4.5)	8
[4.5, 5)	9
[5, 10)	1

図 16.1

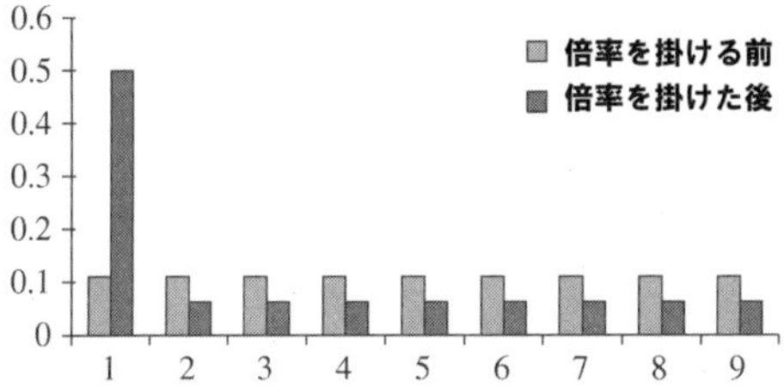

等だったとしても、後ではそうはならず、可能性が均等な数字はスケール不変ではないという結論を出さざるをえない。

よくある統計分布の理論を使って一般的な論証を提示することができる。

負にはならない連続関数があって、$P(a \leq X \leq b) = \int_a^b \varphi(x)\,\mathrm{d}x$ なら、$\varphi(x)$ は連続の確率変数 X の確率密度関数であることを思い出そう。もちろん、$\varphi(x)$ の下にできる面積は1にならなければならない。

累積分布関数 $\Phi(x)$ は、任意の下限について、$\Phi(x) = P(X \leq x) = \int^x \varphi(t)$ で定義される。これは

$$\frac{\mathrm{d}\Phi(x)}{\mathrm{d}x} = \varphi(x)$$

ということで、

$$P(a \leq X \leq b) = \int_a^b \varphi(x)\,\mathrm{d}x = \Phi(b) - \Phi(a)$$

である。

今度は確率変数がスケール不変であることの意味を正確にし、そうであるとすれば、倍率を掛ける前後である区間の中にある確率が同じだと言うことにしよう。後の都合があるので、区間を $[\alpha, x]$ とし、倍率を $1/a$ と書くことにする。すると、スケール不変とは、

$$P(\alpha < X < x) = P\left(\alpha < \frac{1}{a}X < x\right) = P(a\alpha < X < ax)$$

を意味する。これはつまり、すべての a について、$\Phi(ax) - \Phi(a\alpha) = \Phi(x) - \Phi(\alpha)$ あるいは $\Phi(ax) = \Phi(x) + K$ となるということだ。

そこで、スケール不変を仮定すれば、$\Phi(ax) = \Phi(x) + K$ となって、両辺を x について微分すると、$a\varphi(ax) = \varphi(x)$ となり、したがって $\varphi(ax) = (1/a)\varphi(x)$ である。

そこで確率変数 $Y = \log_b X$ を、同様に定義された $\psi(y)$ と $\Psi(y)$ とともに考える。すると、

$$\begin{aligned}\Psi(y) &= P(Y \leq y) = P(\log_b X \leq y) = P(X \leq b^y) \\ &= \Phi(b^y) = \Phi(x)\end{aligned}$$

これは、

$$\psi(y) = \frac{\mathrm{d}}{\mathrm{d}y}\Psi(y) = \frac{\mathrm{d}}{\mathrm{d}y}\Phi(x) = \frac{\mathrm{d}}{\mathrm{d}x}\Phi(x) \times \frac{\mathrm{d}x}{\mathrm{d}y}$$

ということであり、

$$\psi(y) = \varphi(x) \times \frac{\mathrm{d}x}{\mathrm{d}y} = x\varphi(x)\ln b$$

なので

$$\psi(\log_b x) = \varphi(x) \times \frac{\mathrm{d}x}{\mathrm{d}y} = x\varphi(x)\ln b$$

であって、これは

$$\psi(\log_b ax) = ax\varphi(ax)\ln b$$

ということだ。スケール不変の定義を使えば、

$$\begin{aligned}\psi(\log_b ax) &= ax\varphi(ax)\ln b \\ &= ax\frac{1}{a}\varphi(x)\ln b \\ &= x\varphi(x)\ln b \\ &= \psi(\log_b x)\end{aligned}$$

が得られる。ゆえに、次のようになる。

$$\psi(\log_b x + \log_b a) = \psi(\log_b x) \quad \text{であり、} \psi(y + \log_b a) = \psi(y)$$

a は好きなように選べるので、$\psi(y)$ は、任意の間隔で反復し、それが可能なのは、定数関数の場合のみである。スケール不変な変数の対数は、確率密度関数が一定となる。

これでこのことを上一桁現象に関連させることができる。$1 \leq x < 10$ として、$x \times 10^n$ とする数の科学的表記法による。こう表記した数の上一桁は、要するに数 x の最初の桁だ。この数に何かの倍率を掛けるときには、x の値を、10 を法として調節して伸縮する。こうすれば、伸縮しようとすまいと、必ず $1 \leq x < 10$ と考えることができ、対数の底を 10 とすると、$y = \log_{10} x$ は、区間 $[0, 1]$ で定義された値の確率密度関数が一定値となる。したがって、先のスケール不変を仮定すると、$\{1, ..., 9\}$ に属する n について、

$$\begin{aligned}P(d = n) &= P(n \leq x < n + 1) \\ &= P(\log_{10} n \leq \log_{10} x < \log_{10}(n + 1)) \\ &= P(\log_{10} n \leq y < \log_{10}(n + 1)) \\ &= (\log_{10}(n + 1) - \log_{10} n)1\end{aligned}$$

$$= \log_{10}\left(\frac{n+1}{n}\right)$$
$$= \log_{10}\left(1 + \frac{1}{n}\right)$$

で、これがベンフォードの法則である。

読者はここにワイルの均等分布定理が潜んでいるのを察知しているかもしれない。

法則の拡張

先に言及したニューカムの論文での一般的論証は、もっともなことに対数を用いて構成されおり、そこからニューカムは、次のような文言で説明される表を導いた。

こうして、求められる自然数の有効数字の最初の二つの数の場合の出現確率が、[表 16.4 に再現されたようなもの] であることがわかる。

表 16.4

数字	最初の桁	次の桁
0	—	0.1197
1	0.3010	0.1139
2	0.1761	0.1088
3	0.1249	0.1043
4	0.0969	0.1003
5	0.0792	0.0967
6	0.0669	0.0934
7	0.0580	0.0904
8	0.0512	0.0876
9	0.0458	0.0850

最初の列は、ここで導いたベンフォードの法則を伝えていることがわかる。第2列を立てるには、次のように進めることができる。

ある数の上二桁を、$10 \leq x_1 x_2 \leq 99$ として、当該の数を $x_1 x_2 \times 10^n$ と書いて分離し、それに沿って確率変数 X を定義すれば、

最初の数が x_1 で次の数が x_2 である確率 $= P(x_1 x_2 \leq X < x_1 x_2 + 1)$
$$= \log_{10}\left(1 + \frac{1}{x_1 x_2}\right)$$

ここで

第2の桁が x_2 である確率
＝最初の桁が1で次の桁が x_2 である確率
　＋最初の桁が2で次の桁が x_2 である確率
　＋……
　＋最初の桁が9で次の桁が x_2 である確率

であることを見れば、次の結果が得られる。

$$\text{第2の桁が } x_2 \text{ である確率} = \sum_{r=1}^{9} \log_{10}\left(1 + \frac{1}{x_r x_2}\right)$$

少し計算すれば、表の第2列が得られ、読者はニューカムがやはり同じ論文で述べた

第3の数字の場合には、確率は各数字についてほとんど同じになり、第4桁以下は、違いは認められないほどになる。

についても真偽を確かめるべく、さらに先へ進めたいと思うかもしれない。他の結論も推論できる。たとえば、あらためて条件付き確率の標準的な定義

$$P(A \mid B) = \frac{P(A \text{ and } B)}{P(B)}$$ を使えば、

最初の桁が x_1 だった場合の第 2 の桁が x_2 である確率

$$= \log_{10}\left(1 + \frac{1}{x_1 x_2}\right) \Big/ \log_{10}\left(1 + \frac{1}{x_1}\right)$$

となる。そこで、たとえば、ある数の第 2 の桁が 5 である確率は、最初の桁が 6 という前提なら、$\log_{10}(1+\frac{1}{65}) / \log_{10}(1+\frac{1}{6}) = 0.0990$ であり、最初の桁が 9 なら、確率は $\log_{10}(1+\frac{1}{95}) / \log_{10}(1+\frac{1}{9}) = 0.0994$ となる。

数の先頭として最も可能性が高いのは 10 で、確率は $\log_{10}(1+\frac{1}{10}) / \log_{10}(1+\frac{1}{1}) = 0.1375$ となる。

最後に、このことは、単なる理論的な興味以上のものに見られている。とくに、マーク・ニグリニは、これを会計に利用することを開拓している。ニグリニの言うところを引くと、

ベンフォードの法則と数字の分析に考えられる実用的な応用をいくつか挙げると、

- 支払勘定データ
- 総勘定元帳での推定
- 場所ごとの在庫単位価格の相対的大きさ
- 二重支払い
- コンピュータ・システム変換（たとえば新旧システムの切替え、受取勘定ファイル）
- 低価格大量取引による非効率の処理
- 売値の新しい組合せ
- 顧客への払い戻し

ニューカムの論文の最後から判断すると、これはニューカムの想像をはるかに超えている。

　興味深いことに、この法則によって、独立した数値的結果の大きな集合が自然数でできているか、対数でできているかを決められる。

第 17 章

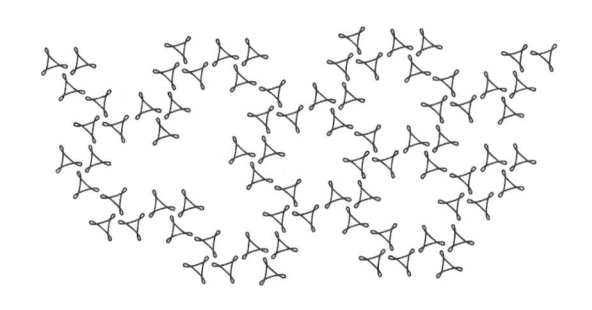

グッドスタイン数列

> 史上最大のものよりも大きい。実際、本当に驚くほど巨大なものよりずっと大きく、ひたすらめちゃくちゃな大きさで、実に「うわあ、これはすごい」……巨大な数に強大な数を掛けて、さらにその圧倒的に巨大な数を掛けた数が、ここで考えようとしている類の概念だ。
>
> ——ダグラス・アダムズ『宇宙の果てのレストラン』

指数表記は大きな数を非常に効率的に扱う。たとえば、$2^{2^{22}}$ は、100 万桁くらいになる(また、四つの 2 で、普通の四則演算を使ってできる最大の数でもある)。アダムズの『ヒッチハイカー』シリーズの元になった『銀河ヒッチハイクガイド』には、小説でこれまでに使われた中で最大と言えそうな数が出てくる。エアロックから放り出されたアーサー・デントとフォード・プリフェクトが通りかかった宇宙船に救助される可能性についてのもので、救助されない場合は、救助される場合の 2^{260199} 倍だという(実際には、二人はある宇宙船に救助される——「無限小確率エンジン」で動く宇宙船だった)。

指数表記は、基本的な四則演算の第 3 段階とも考えられる。足し算に始まり、それを元に掛け算ができ、掛け算を元に累乗ができるからだ $(2 \times 5 = 2 + 2 + 2 + 2 + 2), (2^5 = 2 \times 2 \times 2 \times 2 \times 2)$。これをさらに進めて、累乗を繰り返す第 4 の演算に拡張するのも自然な流れ

だ。この演算は、一般にテトレーションと呼ばれる（ギリシア語で4を表すテトラと、反復を表すイテレーションとの一部を合わせたもの）。一般に使われてきた表記は、指数を底の左上に置くもので、たとえば、

$$^3 2 = 2^{(2^2)} = 2^4 = 16,$$
$$^4 2 = 2^{(2^{(2^2)})} = 2^{16} = 65\,536,$$
$$^5 2 = 2^{(2^{(2^{(2^2)})})} = 2^{65\,536} = \text{ともかくやたらと大きな数}$$

この「累乗の塔」は、最高の累乗からだんだん下りてくることに気をつけよう。

これに代わりそれを拡張する別名や別表記もある。たとえばクヌースの「矢印表記」やコンウェイの「矢印チェーン表記」などだ。しかしテトレーションという用語を作ったのは、イギリスの数理論理学者・哲学者で教師のルーベン・グッドスタインであり、とてつもなく大きい数にかかわる特筆すべき事実を——これまた特筆すべき証明とともに——発見したのも、この人だった。

グッドスタイン数列

われわれは10を基にして数えている。これは、たとえば2136という数なら、

$$2136 = 2 \times 10^3 + 1 \times 10^2 + 3 \times 10^1 + 6 \times 10^0$$

と分解され、一般的に言えば、$a_1, a_2, a_3, \cdots, a_n < 10$ として、$(a_1 a_2 a_3 \cdots a_n)_{10} = \sum_{r=1}^{n} a_r \times 10^{n-r}$ と書ける。

当然、正の整数なら何でも元にすることができる。2を基にするなら、

$$2136 = 2^{11} + 2^6 + 2^4 + 2^3$$

で、この場合、0 でない a_r は必ず 1 となる。この二進表記を、指数そのものも二進数にして「完成」させることもできる。第 1 段階は、

$$2136 = 2^{2^3+2+1} + 2^{2^2+2} + 2^{2^2} + 2^{2+1}$$

第 2 段階は、

$$2136 = 2^{2^{2+1}+2+1} + 2^{2^2+2} + 2^{2^2} + 2^{2+1}$$

これは 2136 の完全二進表記と呼ばれる。

そこで今度はもっと変わったものにして、一連の「底の昇格(バンピング)」関数を定義する。最初は 2136 の完全二進表記の 2 をそれぞれ 3 に置き換え、次のようにする。

$$B_3(2136) = 3^{3^{3+1}+3+1} + 3^{3^3+3} + 3^{3^3} + 3^{3+1} \approx 3.6 \times 10^{40}$$

これは元の数よりもはるかに大きい数だ。

ここからグッドスタイン数列 $G_r(n)$ を、次のように定義する。

$r = 2$ の場合、$G_r(n) =$ 完全二進数で書いた n
$r > 2$ の場合、$G_r(n) = B_r(n) - 1$ (簡略表記〔前項をバンピングして 1 を引く〕)

つまり、先の数から 1 を引いて、

$$G_3(2136) = 3^{3^{3+1}+3+1} + 3^{3^3+3} + 3^{3^3} + 3^{3+1} - 1$$

となるということだ。整った表記を維持するには、3^{3+1} の項を少し整理しなければならない〔この場合、マイナスが出てこないようにする〕。

これは、等比数列の理論から、任意の正の整数 b について、

$$b^n - 1 = (b-1) \sum_{r=1}^{n} b^{r-1} = (b-1) \sum_{r=1}^{n} b^{n-r} = \sum_{r=1}^{n} (b-1) b^{n-r}$$

となることに注目することで行なわれる。そこから、

$$3^{3+1} - 1 = 2 \times 3^3 + 2 \times 3^2 + 2 \times 3 + 2$$

ができ、

$$G_3(2136) = 3^{3^{3+1}+3+1} + 3^{3^3+3} + 3^{3^3} + 2 \times 3^3 + 2 \times 3^2 + 2 \times 3 + 2$$

となる。2136 についてさらに続けると〔かけ算の部分は累乗の和のことなので、バンピングしても係数は変わらない〕、

$$\begin{aligned} G_4(2136) &= B_4(2136) - 1 \\ &= 4^{4^{4+1}+4+1} + 4^{4^4+4} + 4^{4^4} + 2 \times 4^3 + 2 \times 4^2 + 2 \times 4 + 1 \\ &\approx 3.3 \times 10^{619} \end{aligned}$$

さらに、

$$\begin{aligned} G_5(2136) &= B_5(2136) - 1 \\ &= 5^{5^{5+1}+5+1} + 5^{5^5+5} + 5^{5^5} + 2 \times 5^3 + 2 \times 5^2 + 2 \times 5 \\ &\approx 4.0 \times 10^{10\,925} \end{aligned}$$

繰り返して行くと、得られるグッドスタイン数はどんどん大きくなることは明らかに見えるが、最小の正の整数で始めるとどうなるか、見てみよう。

まず、$G_2(1) = 1$ で、$G_3(2) = 1 - 1 = 0$ でおしまいになる。

今度は 2 で生成されるグッドスタイン数列を考えよう。

$$G_2(2) = 2^1, \quad G_3(2) = 3^1 - 1 = 2, \quad G_4(2) = 2 - 1 = 1$$

となって、最後は $G_5(2) = 1 - 1 = 0$ となる。

やはり数列は 0 に収束する。3 から始めると少し歯ごたえが出てくる。$G_2(3) = 2^1 + 1$, $G_3(3) = 3^1$, $G_4(3) = 4^1 - 1 = 3$, $G_5(3) = 2$, $G_6(3) = 1$ で、最後は $G_7(3) = 0$ となり、また収束する。

大きな驚き

先のように途方もなく大きな数が出て来るには、整数はどのくらいの大きさにしなければならないのだろう。4 ではどうなるか見てみよう。$G_2(4) = 2^2 = 4$, $G_3(4) = 3^3 - 1 = 2 \times 3^2 + 2 \times 3 + 2 = 26$, $G_4(4) = 2 \times 4^2 + 2 \times 4 + 1 = 41$ であり、この手順を続ければ、数列は延びていく。

$$r = 2 \quad 3 \quad 4 \quad 5 \quad 6 \quad 7 \quad 8 \quad \cdots,$$
$$G_r(4) = 4 \quad 26 \quad 41 \quad 60 \quad 83 \quad 109 \quad 139 \quad \cdots$$

グッドスタイン数列の値は、ゆっくりでも大きくなり、これで本格的に始まる——この列は、想像よりもずっと変わった形で続く。何と、$3 \times 2^{402653211} - 1 \approx 10^{121210695}$ 段階を経て、数列は再び 0 に収束する。

つまり、$r = 3 \times 2^{402653211} - 1$ なら、$G_r(4) = 0$ となる。それにしても、とてつもなく大きい。

デーヴィッド・ウィリアムズは、4 によるグッドスタイン数列にあるパターンの観察に基づいて、この顕著な事実を確かめる論証を示した。読者もその観察結果を確認したいだろう。

1. $r \le 27$ については、$m = 3 \times 2^r - 1$ のとき、$G_m(4) = 1 \times m^2 + (27-r) \times m$

2. これは、$a = 3 \times 2^{27} - 1$ なら、$G_a(4) = a^2$ であることを意味する。
3. $b = a + 1 = 3 \times 2^{27}$ と書くと、この結果は $G_b(4) = b^2 - 1 = (b-1)b + (b-1)$ となる。
4. $r \leq b - 1$ については、このパターンは $G_{b+r}(4) = (b-1)(b+r) + b - (r-1)$ まで続く。
5. これは、$G_{2b-1}(4) = (b-1)(2b-1)$ を意味する。
6. $g = 2^s b - 1$ なら、このパターンは $G_g(4) = (b-s)g$ まで続く。
7. これはつまり、$s = b$ のとき、$G_g(4) = 0$ だということを意味する。
8. これはつまり、

$$g = 2^b b - 1 = 2^{3 \times 2^{27}} \times (3 \times 2^{27}) - 1 = 3 \times 2^{402\,653\,211} - 1$$

のとき、初めて $G_g(4) = 0$ となることを意味する。

4 についてのグッドスタイン数列が(そのうち)0 に達することを確かめておいて、最初の 2136 による数列にひっととびする。これもやはり、いかに大きな数になろうと、いずれ 0 になるのだろうか。驚くべきことに、確かにそうなり、実はこのような数列はすべて同じことになる。これはルーベン・グッドッスタインが 1944 年に出した結果で ("On the restricted ordinal theorem," *Journal of Symbolic Logic* 9: 33-41)、もっともなことに、グッドスタインの定理と呼ばれる。言っていることは単純で、すべてのグッドスタイン数列は 0 に収束するということだ。

「底を昇格させる」ことは、必然的に数の大きさを膨大に増やし、1 を引いても、その補いにはとてもならないように見える——しかしこの手順に騙されてしまうのだ。

公理と順序数

この帰結を本書に入れたのは、その驚くべき性質のためだが、数学の論理に対する重みはさらにずっと大きい。これは、「自然に独立し

た現象」と呼ばれるようになったことの例となるのだ。これはクルト・ゲーデルの嚆矢となった研究の副産物として生まれたものである。1930年9月のケーニヒスベルクでの学会のとき、ゲーデルは最初の「不完全性定理」を発表し、長い間大切にされていた、数学はその内部で完全、つまり、数学の内部で表現できるすべての命題は、その内部で証明か反証、いずれかができるとするダーフィト・ヒルベルトによる考えを崩した。とはいえ、納得できないところも少々残る。ゲーデルにおける真偽決定不能の命題の構成は、「メタ数学」的で、そのような命題の例が必要だと思われた。特異でもこじつけでもなく、「自然に」生じるものであり、いずれかと判定できると妥当に予想されるものである。その必要は、ラムゼーの定理、クラスカルの木定理、グッドスタインの定理によって満たされたが、J・パリスとL・カービーが、通常の算術の内部では証明できないことを示すには、1982年まで待たなければならなかった。グッドスタインは、実は1944年にはすでにその定理を証明していたので、次のような両立しない命題が得られるらしい。

・私がそれを証明したことは真である。(グッドスタイン、1944年)
・それが真かどうかは証明できない。(パリスとカービー、1982年)

もちろん、両立の方法は存在するのであり、それは、この脈絡での「数学」という言葉の明瞭な定義と、グッドスタインの証明の少々風変わりな性質、つまり、超限順序数の使用の中に見つかる。パイスとカービーの論証にある「通常の算術」は、形式的にはペアノの公理で定義される。これは、おなじみの代数の規則と数学的帰納法をすべて含む。日常的な数学を扱うのに必要なのは、それで全部だ。集合論はそこには含まれず、とくに変わっていることに、無限集合は語られない。そこにはカントールの超限順序数の占める場所はない。カントールの成果の驚異については、6章でその一部を見たが、ここでその独

創的な数学の頭が生み出したものを、ごく手短にもう少し見てみよう。

カントールによる超限数の構成は、正の整数の使い方に、大きさの尺度としてのもの（たとえば集合には5個の要素があるなど）と、順序の尺度としてのもの（たとえばこの集合の第5の要素など）を区別した。ここでの関心は後の方の解釈にある。

集合論（空集合∅を使う。ノルウェー語のアルファベットから取った文字で、これは有名なブルバキ構想の一員となったアンドレ・ヴェーユによって選ばれたらしい）を使うと、以下のような再帰的な形で有限の順序数を定義することができる。

$$0 \equiv \emptyset, \quad 1 \equiv \{\emptyset\} \equiv \{0\}, \quad 2 \equiv \{\emptyset, \{\emptyset\}\} \equiv \{0, 1\},$$
$$3 \equiv \{\emptyset, \{\emptyset\}, \{\emptyset, \{\emptyset\}\}\} \equiv \{0, 1, 2\}, \quad \text{等々}$$

ここから、$a \subseteq b$ のとき、その場合にかぎり、$a \leq b$ という順番があることが言われ、これによって、おなじみの自然数による順番、0、1、2、3、4、……が得られる。

自然数の集合全体 $\{0, 1, 2, 3, ...\}$ を考えて、最初の超限順序数 $\omega \equiv \{0, 1, 2, 3, ...\}$ と、拡張した順序数の列 $\{0, 1, 2, 3, 4, ..., \omega\}$ を定義する。この ω は、直前数がないことで目立っており、定義から、すべての自然数 n について、$n < \omega$ であることは明らかだ。この過程を続けて、$\omega + 1 \equiv \{0, 1, 2, 3, ..., \omega\}$ などを定義して、

$$\{0, 1, 2, 3, 4, ..., \omega, \omega+1, \omega+2, \omega+3, ...\}$$

という列が得られて、これがまた続いて、

$$\{0, 1, 2, 3, 4, ..., \omega, \omega+1, \omega+2, \omega+3, ..., \omega+\omega \equiv \omega \times 2\}$$

となり、したがって、

$$\{0, 1, 2, 3, 4, \ldots, \omega, \omega+1, \omega+2, \omega+3, \ldots,$$
$$\omega+\omega = \omega\times 2, \omega\times 2+1, \ldots, \omega\times 2+\omega = \omega\times 3, \ldots,$$
$$\omega\times 4, \ldots, \omega\times\omega = \omega^2, \omega^2+1, \ldots, \omega^2+\omega, \ldots,$$
$$\omega^2+\omega\times 2, \ldots, \omega^3, \ldots, \omega^4, \ldots, \omega^\omega, \ldots\}$$

になり、この列は、イプシロンゼロと呼ばれる累乗の塔の極限 $\varepsilon_0 = \omega^{\omega^{\omega^{\cdots}}}$ に達する（さらに超える）。この順序数列を表すおなじみの表記法は、騙されそうなほど絶妙なものだ。たとえば、$1+\omega = \omega \neq \omega+1$ で、$2\times\omega = \omega \neq \omega\times 2$ だが、この重要な問題は避けて（これは、'$=$' で何を意味するかに左右される）、超限順序数で決定的に重要な性質に集中しよう。右記の順序では、順序数は、順序数 a, b, c に基づいて、次によって定義される、$\leq$ という条件で整列しているということだ。

1. $a \leq a$
2. $a \leq b$ かつ $b \leq c$ なら、$a \leq c$
3. $a \leq b$ かつ $b \leq a$ なら、$a = b$
4. $a \leq b$ か $b \leq a$ か、いずれかである。
5. 順序数の空でない部分集合はすべて最小の要素を持つ。

一見どうということのないこれらの集合、とくに順序数の集合に関する条件の中に、重要な帰結が隠されている。そのような集合では、無限に下りる鎖はない、つまり、$a \geq b \geq c \geq \ldots$ は、有限の長さでなければならない。

グッドスタインの論証

正の整数に作用するグッドスタイン処理によって、簡単明瞭に数論的な手順が得られる。この数列が必ず0に収束するという説は、数論の多くの強力な成果を用いて解決できるものらしいが、パリスとカービーは別のことを証明した。この帰結を証明するには、こうした超限

順序数まで進まなければならないということで、グッドスタインがしたこともそれだ。次の論証が、すべてのピースをきちんと嵌める。

まず、すべての超限順序数 $a < \varepsilon_0$ は、ω を使えば、整数の完全 n 進表記とよく似た形で書ける。たとえば、$\omega^{\omega^\omega} + \omega^{\omega+1} + \omega$ などのことになる。これは順序数の「カントールの標準形」と呼ばれる。

ここでグッドスタイン数列 $G_r(n)$ に平行して、数列 $G_r^\omega(n)$ を、グッドスタイン数の底を、ω に置き換えることによって生成される超限順序数の列と定義しよう。

たとえば、$G_2(2136) = 2^{2^{2+1}+2+1} + 2^{2^2+2} + 2^{2^2} + 2^{2+1}$ なので、

$$G_2^\omega(2136) = \omega^{\omega^{\omega+1}+\omega+1} + \omega^{\omega^\omega+\omega} + \omega^{\omega^\omega} + \omega^{\omega+1}$$

今度は、数 4 について、どんな形をとるかを見ることによって、この新しい数列の感触を得てみよう。以前の結果は、$G_2(4) = 2^2$, $G_3(4) = 2 \times 3^2 + 2 \times 3 + 2$, $G_4(4) = 2 \times 4^2 + 2 \times 4 + 1, \ldots$ というもので、これはつまり、

$$G_2^\omega(4) = \omega^\omega, \quad G_3^\omega(4) = 2 \times \omega^2 + 2 \times \omega + 2,$$
$$G_4^\omega(4) = 2 \times \omega^2 + 2 \times \omega + 1$$

この順序数の列は降順であることに注目しよう。

$$\omega^\omega > 2 \times \omega^2 + 2 \times \omega + 2 > 2 \times \omega^2 + 2 \times \omega + 1 \cdots$$

グッドスタイン数列が無限の長さになるとすると、それに対応する無限の長さの降順順序数の列を生み出すことになる……これは 248 頁で述べた整列の結果と矛盾する。もちろん、これは 4 のグッドスタイン数列が 0 で停止することを意味する。

この手順を任意のグッドスタイン数列

$$G_2(n), G_3(n), G_4(n), G_5(n), \ldots, G_k(n), \ldots$$

に一般化して定理を証明することはさほど難しくない。これには、減少する順序数の列

$$G_2^\omega(n),\ G_3^\omega(n),\ G_4^\omega(n),\ G_5^\omega(n),\ \ldots,\ G_k^\omega(n),\ \ldots$$

が平行する。

　この結果は、数学の本質は自由にあるという、他ならぬカントールの見方を見事に認識させてくれる。

第 18 章

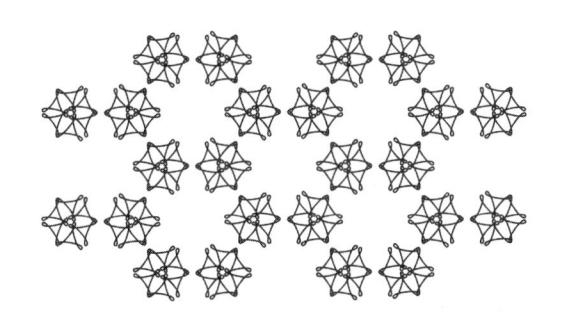

バナッハ = タルスキーの逆説

数学が無矛盾である以上、神は存在するし、それを証明できない以上、悪魔は存在する。

——アンドレ・ヴェーユ

この最終章の主題は単純だが、数学でも最も直観に反する成果の列に加えなければならず、驚きの数学をテーマとする本書にはふさわしいフィナーレだ。

ステファン・バナッハとアルフレト・タルスキーは、トポロジー学者のフェリックス・ハウスドルフが考案した逆説を改良したものを出した。ハウスドルフが考えた方は、よく、次のような奇抜なものに置き換えられている。

中空ではない球を五つに分け、その断片を組み合わせると、元とまったく同じ大きさの二つの完全な球にすることができる。

あるいは、

豆粒ほどの大きさの中空でない球を有限個の断片に分け、それを回

転と平行移動〔合わせて剛体運動〕を使って並べ直すと、太陽の大きさの中空でない球にすることができる。

この結果を見たことのない人々には、誤植に思えるに違いない――あるいは、著者が少々うっかりしすぎたのか。しかし実際には、上記のことは本当で、なぜそうなるか、いくらかその風味を伝えてみたい。

形式化

事態の形式を整えなければならず、その目的のために、半径 r のユークリッド的「3次球」B_r を、$B_r = \{x \in \mathbb{R}^3 : |x| \leq r\}$ と定義し、$\mathbb{R}^3$ の「剛体運動」を、ユークリッド的距離を保存する(すなわち、すべての点 $x, y \in \mathbb{R}^3$ について、$|x - y| = |R(x) - R(y)|$ となる)変換 R であるとしておこう。そこで先の結果を、もっと形式を整えて、次のように述べることができる。

B_r を対をなす五つの互いに素の集合 A_1, A_2, A_3, A_4, A_5 (A_5 は 1 点)に分けたとき、$B_r = R_1(A_1) \cup R_2(A_2)$ および $B_r = R_3(A_3) \cup R_4(A_4) \cup R_5(A_5)$ で、すべての和集合は互いに素となるような剛体運動 R_1, R_2, R_3, R_4, R_5 が存在するような分解が存在する。

あるいは、

任意の二つの異なる整数 m, n について、B_m を互いに素の部分集合 $A_1, ..., A_n$ に分解し、しかるべき剛体運動 $R_1, ..., R_n$ によって、$B_n = R_1(A_1) \cup R_2(A_2) \cup ... \cup R_n(A_n)$ となるようにすることができる。ただし、和集合をなす部分集合はすべて互いに素である。

$\mathbb{R}^3$ での最も一般的な形もある。

$\mathbb{R}^3$ の任意の二つの有界部分集合(中空でない)をそれぞれを分割

して組み替えて相手を作ることができる。

これら三つの命題は真であるとすれば（実際そうなのだが）、何かの落とし穴を予想しなければならない（そうでなければ、聖書にある、五斤のパンと八匹の魚で五千人に食事を与えたとされることをするのに、イエス・キリストによる奇蹟がなくてもよい）。その落とし穴とは、この場合、証明が非構成的だということで、存在することは証明しているが、その目標をどう達成するかは明らかにしていないところだ。つまり、これがそもそも数学の帰結であり、実際に実現することはできないことも明らかにしている。言い換えれば、この分解においては、各断片は、「可測」ではなく、したがって、妥当な境界がない、あるいは認められている意味での明瞭な体積がない。もっと平明に言えば、この分解を実行することは不可能だ。実際に切ってこそ、測定できる集合を生み出せるからだ。

選択公理

この帰結を証明するときの核心には、「選択公理」がある。この騙されやすい命題は、1世紀前に数理論理学者のエルンスト・ツェルメロによって明らかにされたもので、ただ次のようなことを述べているにすぎない。

空でない集合からなるどんな集団にも、その集団に属する各集合から一つずつ「選択」することによって、新しい集合を作れる。

それが可能だというのは当然なことに見えるが、すべては「選択」という言葉の意味にかかっている。たとえば、空でない集合が有限個集まったものについては、その集合それぞれの最初の元を選ぶことによって、新しい集合を作ることができる。話が無限集合となると、そう単純なことではないが、自然数 {0, 1, 2, 3, ...} の空でない部分集合をすべて集めたものを考えれば、新しい集合は、各集合の最小の元

を選ぶことによって作れる。もう少し微妙にして、区間 (0, 1) の空でない部分区間すべてを集めたものを考えると、各区間の中点を選ぶことによって、くだんの新たな集合ができる。では、問題はどこにあるのか。実際、これまでのところでは問題はない。選択公理の出番はなかった。いずれの場合にも、選択を行なうための規則があったからだ。では、たとえば、$\mathbb{R}$ の空でない部分集合すべてを集めたものを考えよう。この場合には、元を選び、無限個ある部分集合からとってくだんの集合にすまわせる体系的な手順はない。そこで、ただ、一つ一つの集合から元を一つ選べるようにする手順があることを言う——どんな手順かは措いといて——選択公理によって、その点を保証する必要がある。この公理は、選択をどう行なうかの手がかりは与えない。ただそういう選択が存在することを保証するだけだ。これが「公理」と呼ばれることにも注目しよう。これは前提なのだ。集合論の標準的な公理が選択公理なしで無矛盾なら、それを含めてもやはり無矛盾である。つまり、この公理が出てくる数理論理学の体系と、それが出てこないまったく別の体系とができるということだ（88頁で触れた平行線公準から出てくるいくつかの幾何学とよく似ている）。

この公理には同値の形式がいくつもあり、（主観的な）「明らかに真」の度合いもいろいろあって、たぶん中でもいちばん重要なのが、次のような、整列原理と、もっとずっと謎めいているツォルンの補題〔他の定理を証明するための補助となる命題〕である。

整列原理——ある集合のすべての部分集合に最初の元がある場合、その集合は整列されていると言う。整列原理が述べるのは、すべての集合が整列できるということである（前章で遭遇した）。

ツォルンの補題——すべての全順序部分集合に上限があるすべての半順序集合には、少なくとも一つの最大の元がある。

これを解剖することは、関心のある読者に委ねることにするが、数学者ジェリー・ボナによる、このまったく等価な命題についての警句を

鑑賞しておけば十分だ。

選択公理は明らかに真で、整列原理は明らかに偽だ。ツォルンのレンマがどちらか、誰にわかるだろう。

群

逆説の証明の中心にあるのは、選択公理だけではない。その証明は、根本的に群の概念に依拠している。とくに、二つの生成元に基づく自由群と、回転群の概念である——そして、解説する上での問題がどうしようもなくなってくるのもそこだ。群の根本的に代数的抽象部分、役に立つ抽象的代数が存在するために必要な最低限の体系を、再現的に概観するようなことは、このようなわずかなスペースでは不可能だ。定義そのものは最小限だが、そこには、この考えの大きな意味がうまく隠されている。群 G は、次の4条件を満たす組合せ方（∗で表す）の法則をもった対象の集合である。

1. すべての $a, b \in G$ について、$a * b \in G$（閉じていること）
2. すべての $a \in G$ について、$a * \varepsilon = \varepsilon * a = a$ となる、$\varepsilon \in G$ が存在する（単位元）。
3. それぞれの $a \in G$ について、$a * a^{-1} = a^{-1} * a = \varepsilon$ となるような $a^{-1} \in G$ が存在する（逆元）。
4. すべての $a, b, c \in G$ について、$a * (b * c) = (a * b) * c$ が成り立つ（結合法則）。

雛形として、すべての整数の集合を考えよう。∗は + に置き換えられ、ε は 0 に置き換えられ、a^{-1} は $-a$ に置き換えられる。

定義には交換則は入っていないことに注目しよう。$a * b = b * a$ は、成り立つことはありうるが、前提はされていない。

群の特殊事例として、任意の個数の抽象的な記号（生成元）を形式的に組み合わせることでできるものがある。元の組合せを単純にする

方法を特定する法則があるときもないときもある。そのような法則がなければ、そのような群は、生成元が何個でも、それに基づく自由群と名づけられる。たとえば、二つの生成元 a と b に基づく自由群は、五つの記号、$\varepsilon, a, a^{-1}, b, b^{-1}$ で作れる（逆元が入っていなければならない）有限の列すべてから成る。ただし、a が a^{-1} のすぐ隣に出てくる列、b が b^{-1} のすぐ隣に出てくる列はないようにする（そうなったら、どちらも ε に単純化せざるをえない）。そのような列二つを結びつけて、可能な場合は元をその逆元と組み合わせて消去することによって、この種の列に単純化することができる。たとえば、$aba^{-1}b^{-1}a$ は、右に $a^{-1}ba^{-1}b^{-1}a$ と組み合わせて、次のようになる。

$$aba^{-1}b^{-1}aa^{-1}ba^{-1}b^{-1}a = aba^{-1}a^{-1}b^{-1}a$$

この群を文字 G で表すことにする。バナッハ゠タルスキーの逆説を確かめるのに必要なものはそういう群である（対比のために言うと、二つの生成元に基づく群に条件をかけるとすれば、ba という元を、たとえば $ba = a^2b$ と書き換える方法といったものが考えられる）。

逆説

群 G は、次のように、「逆説的分解」ができる。$S(a)$ を a で始まるすべての列の集合とし、$S(a^{-1})$、$S(b)$、$S(b^{-1})$ も同様に定義する。G の要素はすべて ε か四つの記号のいずれかで始まるかいずれかなので、次が成り立たなければならない。

$$G = \{\varepsilon\} \cup S(a) \cup S(a^{-1}) \cup S(b) \cup S(b^{-1})$$

しかし、G は $S(a)$ と他の元にも分けられることに注目しよう——さらに、それは a で始まらない元すべてであり、したがって、$aS(a^{-1})$ と書ける。これはつまり、G は $G = aS(a^{-1}) \cup S(a)$ とも書けるし、同じ理由で $G = bS(b^{-1}) \cup S(b)$ とも書ける。この一見すると単純な

所見が逆説をもたらす。

さて、G を $\mathbb{R}^3$ の回転の群として実現しよう。2本の直交する軸を選び、元 a を第1の軸を中心にした $\cos^{-1}\frac{1}{3}$ の回転とし、b をもう一つの軸を中心にした $\cos^{-1}\frac{1}{3}$ の回転と定義する——2次元ではできない手順である。すぐにわかることではないが、それは二つの生成元に基づく自由群をなし、くだんの逆説的分解は、この形の G にあてはまる。

G を球 $S_r = \{x \in \mathbb{R}^3 : |x| = r\}$ に適用してはめてみよう。球面上の点をとり、それをしかるべく回転させ、何かの $g \in G$ について、$x_1 = gx_2$ となるすべての点 x_1, x_2 を集める。つまり、球を G という作用によってもたらせる諸軌道に分割する。G に第1の点を第2の点に動かす回転がある場合にのみ、二つの点は同じ軌道に属する。そこで選択公理を必要とする。それを使って、すべての軌道から1点だけを選び、これらの点で集合 X を作る。S_r にあるほとんどすべての点は、G からのしかるべき回転を、X からのしかるべき元に適用することによって、1通りだけ達することができ、そのため、G の逆説的分解は、S_r の逆説的分解を生む。

最後に、S_r 上のあらゆる点を、原点と直線でつなぐ。S_r の逆説的分解は、したがって、中空でない単位球マイナス原点の逆説的分解を生むが、そこに ε が入ってくる。

こうして有名なバナッハ゠タルスキーの逆説が「証明される」。球面の分解で残る穴はないかもしれないが、上記の細かいところには穴がいくつもある。しかしそれは細部の問題で、つぎはぎすれば、すべて整った厳密な証明にまとめられる。

証明が（回転群を使って）3次元に依存しているところに注目すると面白い。直観的には2次元の事例の方が易しく見えるが、実際には、空でない内部のある平面の有界部分集合すべては、一方から他方に分解できるとは言えない。しかし個別には存在するものが一つある。円盤は有限個の破片に分けて、集めて同じ面積の正方形にすることができるのだ。「丸い正方形」というのも、ある意味で正しかった。そうする方法を確かめるという難問は、1925年にタルスキーによって立

てられ、答えが出たのはやっと 1990 年、ミクロス・ラスコヴィッチが可能と証明するときまでかかった——およそ 10^{50} 個の破片を使って。

つまり、結果は実用的ではないが、故ラルフ・P・ボアズは、面白い選集『ライオン狩り他の数学的探求——数学的な詩と物語集』という本 (*Lion Hunting and Other Mathematical Pursuits. A Collection of Mathematics, Verse and Stories*, Mathematical Association of America, 1966) でその使い道を見つけた。そこにはライオンを捕らえるための「証明済み」の方法が 30 種以上出ている（この本は、1938 年に H・ペタードなる人物が書いた「大物狩りの数理に対する一寄与」[*American Mathematical Monthly* 45: 446-47] という有名な洒落の論文を増補したものだった）。ここでの話に関係があるのは、バナッハ゠タルスキー分解をライオンに当てはめ、ライオンをばらばらにして、その破片を集め直して飼猫ほどの大きさにするというものだ（猫ならさほど害はなさそうだ）。もう怖くはない猫を捕らえ、檻に入れてから、またバナッハ゠タルスキー分解を使って、それを元の配置に戻すという。

本書の話の他のどれが「不可能」とは思われなかったとしても、この結果だけは私の勝ちということになってもらいたいものだが。

モチーフ

しばらくアリスは何も言わず立ったまま、この国を四方八方見渡しました——何とも奇妙な国でした。あちらからこちらへと、何本も小さな川が流れていて、その間の土地は、小さな緑の生け垣で正方形に分けられていたのです。生け垣は川から川まで延びていました。

——ルイス・キャロル『鏡の国のアリス』

各章冒頭の図案を構成するには、キャロルが空想した互いに直交する小川や生け垣は必要なかったが、2本の無限の見えない線が、任意の角度で交わり、それを一定の間隔で繰り返さなければならなかった。つまり、平面を無限個の合同な平行四辺形に分割するということで、その頂点は、無限個の規則正しい格子をなす。2本の線は二つの独立した並進〔直線上でのずらし〕の方向を決め、平行四辺形の辺の長さは元になる並進の距離を決めるが、この長さはある数 ε（> 0）を下限とする。壁紙の群の研究が始まるのは、この二つの独立した並進からだ。おおざっぱな表し方をすると、その並進と他の等長変換、つまり回転、鏡映、映進〔鏡映と鏡映の軸に沿った並進の組合せ〕を使って、無限個の2次元の模様を生み出すための、ありうる方法を決めるものと考えてよい。格子点を回転の中心とし、辺を鏡が置かれる線にするのがわかりやすい選択だが、他の可能性もあり、それらを使うと、根本的に異なるパターンは17通りだけありうるという、特筆すべき事実が生じる。壁紙の模様が互いにどんなに違って見えようと、規則正しい模様なら、この17種類のうちの一つとなるしかない。1章は基本設計から始まる。正三角形に基づく単純な図形で、以下の17の章は、その図形に、ありうる17通りの壁紙変換のうち一つを作用させてできる模様で始まる。

壁紙の群を初めて整理したのは、フランスの多彩な数学者カミーユ・ジョルダンで、1869年、結晶構造の研究を通じてのことだったらしい。そのときは17通りの可能性のうち16通りが特定された。

章	正規 HM 表記	短縮 HM 表記	概略
1	基本形		
2	p1	p1	並進のみによる。
3	p211	p2	180°の回転を含む。
4	p1m1	pm	鏡映を含む。一方の並進の方向に平行な鏡映軸と、もう一方の並進の方向に直交する鏡映軸がある。
5	p1g1	pg	映進を含む。一方の並進の方向に平行な映進軸と、もう一方の並進の方向と垂直な映進軸がある。
6	p2mm	pmm	直交する鏡映軸による鏡映を含む。
7	p2mg	pmg	鏡映と2次の回転の両方を含む。回転の中心は鏡映軸上にない。
8	p2gg	pgg	映進と半回転を含む。映進は直交する軸をもち、半回転の中心はこの軸上にはない。
9	c1m1	cm	鏡映と、平行な軸の映進を含む。鏡映軸は、並進の方向による角を二等分する。
10	c2mm	cmm	直交する軸による鏡映を含み、2次の回転も含む。回転の中心は、鏡映軸上にない。
11	p4	p4	2次と4次の回転を含む。2次の回転の中心は、4次の回転の中心間の中点にある。
12	p4mm	p4m	p4と同じだが、鏡映軸も含む。鏡映軸は、互いに45°傾いていて、4本の鏡映軸は4次の回転の中心を通る。

章	正規 HM 表記	短縮 HM 表記	概略
13	p4gm	p4g	鏡映と2次および4次の回転を含む。鏡映軸は直交し、回転の中心はいずれも鏡映軸上にない。
14	p3	p3	120°の回転を含む。
15	p3m1	p3m1	鏡映と3次の回転を含む。鏡映軸は互いに対して60°傾いていて、回転の中心はすべて鏡映軸上にある。
16	p31m	p31m	軸が互いに60°傾いた鏡映と、3次の回転を含む。回転の中心には、鏡映軸上にあるものとないものがある。
17	p6	p6	2次、3次、6次の回転を含む。
18	p6mm	p6m	2次、3次、6次の回転と、鏡映を含む。鏡映軸は回転の中心で交わる。6次の回転の中心では、6つの鏡映軸が交わり、互いに対して30°傾いている。

全部が挙がったのは、1891年、ロシアの結晶学者E・S・フェデロフによる。

並進に対する一見するとどうということのない ε 条件は、離散性条件と呼ばれ、これによって、基本の平行四辺形に、明瞭な、有限の面積ができることになる。このことと、二つの並進の独立性とによって、また別の、自明ではない帰結が出てくる。「結晶制限定理」というもので、壁紙のパターンに回転が含まれるなら、それは2次、3次、4次、6次いずれかでなければならないということだ。つまり回転は、180度、120度、90度、60度のみとなる。

この問題をうまく描いて解説しようとすれば、ここには収まりきれないほどの分量になるだろうが、関心のある読者には、これをさらに

調べてみることを勧めたい。資料はいろいろとある。たとえばダーフィト・ヒルベルトとシュテファン・コーン゠フォッセンによる『直観幾何学』〔芹沢正三訳、みすず書房（全2巻）〕やH・S・M・コクセターの『幾何学入門』〔銀林浩訳、明治図書〕のような古典もあるし、抽象的でも厳密な進め方を喜ぶ人なら、R・L・E・シュワルツェンベルガーのものがぴったりだ（"The 17 plane symmetry groups, 1974, *The Mathematical Gazette* 58 (404): 123-31）。

各パターンは、ドイツの結晶学者カール・ヘルマンと、フランスの鉱物学者シャルル゠ヴィクトル・モーガンの名を取ったヘルマン・モーガン（HM）表記と呼ばれるものによって記号で表されている。ここでは、各章の模様を特定する262〜263頁の表を掲げるだけにとどめる。

付録

帰納法の原理

2003年8月18日月曜日、シンガポールでのこと、韓国の大使が、303,000枚以上のドミノの最初の1枚を倒し、個人によるドミノ倒し世界記録を立てた。並べたのは馬麗華という中国人女性で、1日に12時間作業して6週間かかっていたが、倒れてしまうのにかかった時間はわずか6分だった。

この企てが成功するには二つのことが必要だ。馬さんのとてつもない根気がひとつ。ドミノが1枚でも倒れれば、その後のドミノも倒れてしまう。もう一つは大使が最初の1枚を倒すこと。この二つの動作が確保されれば、成功も確保される。数学にもこれに対応するものがあり、数学の手法でできた王冠の一つの宝石となっている。数学的帰納法のことで、本節は、それについて簡単に解説を試みる。いちばん基本的な形で言えば、帰納原理は次のようなことを言っている。

> 命題 $P(n)$ が、すべての正の整数 n (または何らかの順番のある正の整数の無限部分集合) について定義されているとし、$P(1)$ は成り立つことはわかっているとする。$P(r)$ が成り立つ ($r>1$) と仮定した場合、$P(r+1)$ も成り立つことが導けるなら、$P(n)$ はすべての整数について成り立つ。

それぞれの場合の帰結を証明するには、「最初のドミノ」を倒さなければならない。つまり、$P(n)$ は $n=1$ について成り立つことを示し、そのうえで、どこか1枚のドミノが倒れれば、その隣のドミノも必ず倒れることを確かめる。つまり、$P(n)$ が $n=k$ について成り立つなら、$n=k+1$ についても成り立たざるをえないことを確かめる。

この原理は、もっと前から理解されていたことを示す証拠もあるが、数学的帰納法によるものと最初に認められた証明は、1575年、フラ

ンチェスコ・マウロリコによる『算術に関する二書(アリトメリコルム・リブリ・ドゥオ)』に出ている。そこでは、最初の n 個の奇数の和が n^2 になることが確かめられている。

$$1 + 3 + 5 + \cdots + (2n - 1) = n^2$$

$1 = 1^2$ なので、$P(1)$ は成り立ち、最初の 1 枚は倒せた。

そこで、k 番のドミノが倒れれば、つまり、$P(k)$ が成り立つ、したがって

$$1 + 3 + 5 + \cdots + (2k - 1) = k^2$$

が成り立つと仮定し、次を考える。

$$[1 + 3 + 5 + \cdots + (2k-1)] + (2k+1) = k^2 + (2k+1) = (k+1)^2$$

これは、$(k+1)$ 番のドミノが倒れ、$P(k+1)$ が成り立つことを意味する。すべてのドミノが倒れ、すべての自然数について、命題は成り立つことになる。

この手法の多様さをいくぶんかでもきちんと理解するために、それを自然数について立てられた命題に使う例をさらに二つ見てみよう。

(i) $P(n)$ は正の整数 n について、「$y=x^n$ とすると、$dy/dx=nx^{n-1}$ となる」という命題とする。

$$y = x^1 \Rightarrow \frac{dy}{dx} = 1 = 1x^0$$

なので、$P(1)$ は成り立つ。次に $P(k)$ が成り立つとする。つまり、

$$y = x^k \Rightarrow \frac{dy}{dx} = kx^{k-1}$$

とする。そこで $y=x^{k+1}=x \times x^k$ であることを考える。積の微分の公式と、帰納すべき仮定を考えると、

$$\frac{\mathrm{d}y}{\mathrm{d}x} = 1 \times x^k + x \times kx^{k-1} = x^k + kx^k = (k+1)x^k$$

となって、これにより $P(k+1)$ も成り立つ。

(ii) $P(n)$ は、「$2^n \times 2^n$ のます目のチェス盤から、ますを一つ除くと、図1にあるような、2×1のL字形のピースで覆える」という命題だとする。

$P(1)$ は、2×2の盤からどの一ますが欠けても、2×1のL字形のピースができるという命題となる。これは自明で、確かに盤はこの形になる。次に、$P(k)$ が成り立つとする。つまり、$2^k \times 2^k$ の盤から一つを除くと、その盤全体は2×1のL字形のピースで覆えるとして、$2^{k+1} \times 2^{k+1}$ の盤から一ます欠けたものを考える。図2に示すように、

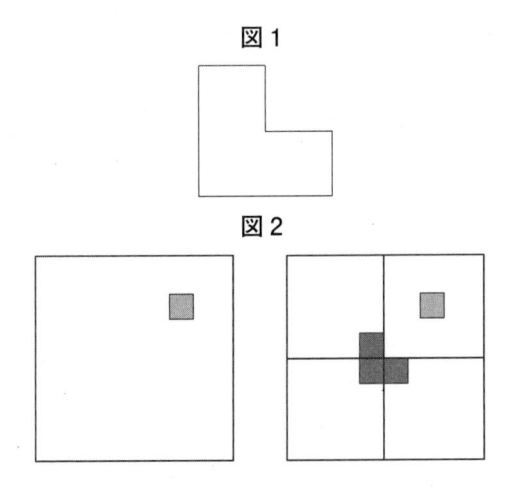

図1

図2

盤を四つの象限に分ける。それぞれが $2^k \times 2^k$ の盤となる。L字形のピースを、中央に、欠けたます目のない三つの象限に収まるように置く。帰納する仮説からすると、四つの象限はそれぞれ、一ます欠けた盤と、ピースで覆われているため、結果として一ますずつ欠けた三つの象限〔$2k \times 2k$ の盤〕からなるからだ。これで $P(k+1)$ も成り立つことになり、帰納は完成する。

ゴールドバッハ予想

1742年6月7日、史上最大級の数学者の一人（で最も多産とも言える）、レオンハルト・オイラーは、図3に掲げたような手紙を受け取った。差出人は、クリスティアン・ゴールドバッハという、プロシアのアマチュア数学者で歴史家でもある人物だった。オイラーとは頻繁に手紙のやりとりをしていた。

手紙の余白にはこんな文がある。

Es scheinet wenigstens, daß eine jede Zahl, die größer ist als 2, ein aggregatum trium numerorum primorum sey.

「2より大きいすべての数は、三つの素数の和となると予想される」ということだ。これが意味をなすようにするには、ゴールドバッハは1も素数と考えていたとせざるをえない〔3 = 1 + 1 + 1 や、4 = 2 + 1 + 1 と考えざるをえないので〕が、現代では従えない約束事だ（整数が一通りだけ素因数分解できるというのは重要なことだから〔1を素数に含めると、素因数分解のしかたはいくらでもあることになる〕）。この予想を、最も知られた現代流の形式にすると、4以上の正の偶数はすべて、二つの素数の和として書けるということになる。本書が印刷されている段階では、これはまだ予想のままだが、少なくとも一つの「証明」は出ている。しかしこれは広く認められてはいない（出版社のフェーバー社は、認められる証明に対して100万ドルの賞金をかけている）。これまでのところ最も強力な成果は、L・G・シュニレマン

図 3

のもので、1939 年、すべての偶数の整数は、30 万個以下の（！）整数で書けることが証明されている。10^{18} より小さい整数について予想が成り立つことはわかっていて、それだけあれば、本書がこの予想に求める目的には十分な大きさとなる。

指数関数と三角関数

二項展開すると

$$(1+x)^n = 1 + nx + n(n-1)\frac{x^2}{2!} + n(n-1)(n-2)\frac{x^3}{3!} + \cdots$$

で、x を x/n で置き換えると、

$$\left(1+\frac{x}{n}\right)^n = 1 + n\frac{x}{n} + n(n-1)\frac{1}{2!}\left(\frac{x}{n}\right)^2$$
$$+ n(n-1)(n-2)\frac{1}{3!}\left(\frac{x}{n}\right)^3 + \cdots$$
$$= 1 + x + \frac{n(n-1)}{n^2}\frac{x^2}{2!} + \frac{n(n-1)(n-2)}{n^3}\frac{x^3}{3!} + \cdots$$

が得られる。両辺について $n \to \infty$ の極限をとると、右辺の n を含むそれぞれの式は 1 に近づくので、

$$\lim_{n\to\infty}\left(1+\frac{x}{n}\right)^n$$
$$= \lim_{n\to\infty}\left(1 + x + \frac{n(n-1)}{n^2}\frac{x^2}{2!} + \frac{n(n-1)(n-2)}{n^3}\frac{x^3}{3!} + \cdots\right)$$
$$= 1 + x + \frac{x^2}{2!} + \frac{x^3}{3!} + \cdots = e^x$$

が得られる。テイラー展開

$$e^x = 1 + x + \frac{x^2}{2!} + \frac{x^3}{3!} + \cdots,$$
$$\sin x = x - \frac{x^3}{3!} + \frac{x^5}{5!} - \cdots,$$
$$\cos x = 1 - \frac{x^2}{2!} + \frac{x^4}{4!} - \cdots$$

は、$x \in \mathbb{R}$ を $z \in \mathbb{C}$ に置き換えれば、複素数にも拡張できる。とくに、とくに x を ix に置き換えると、次の結果になる。

$$\begin{aligned}e^{ix} &= 1 + (ix) + \frac{(ix)^2}{2!} + \frac{(ix)^3}{3!} + \cdots \\ &= 1 + ix - \frac{x^2}{2!} - \frac{ix^3}{3!} + \cdots \\ &= \left(1 - \frac{x^2}{2!} + \cdots\right) + i\left(x - \frac{x^3}{3!} + \cdots\right) \\ &= \cos x + i \sin x\end{aligned}$$

ここで ix を $-ix$ に置き換えると、$e^{-ix} = \cos x - i \sin x$ となり、したがって、

$$\sin x = \frac{1}{2i}(e^{ix} - e^{-ix}) \quad \text{と} \quad \cos x = \frac{1}{2}(e^{ix} + e^{-ix}) \quad \text{になる。}$$

$\log_{10} 2$ が無理数であること

ここでは $\log_{10} 2$ が無理数であることを証明する。実際には、$\log_{10} a$ は、10 の有理数乗でないすべての a について無理数だが、本文で必要なこの特殊な場合だけですませることにする。

標準的な論証では、逆の仮定をし、p, q を整数として、

$$\log_{10} 2 = \frac{p}{q}$$

と書けると仮定する。

これは、$q \log_{10} 2 = p$ となり、したがって $2^q = 10^p$ となるということで、それはつまり、$2^q = 2^p \times 5^p$ となり、同じ数について 2 通りの素因数分解ができることになるので、これは明らかに矛盾する〔だか

ら最初に p/q と置けるとしたことが間違いだったことになり、こうはならない、つまり、$\log_{10} 2$ は有理数ではない]。

床関数と天井関数

床関数 $\lfloor x \rfloor$ は、x を超えない最大の整数と定義され、天井関数 $\lceil x \rceil$ は、x 以上で最小の整数と定義される。たとえば、

$$\lfloor 8.15 \rfloor = 8,$$
$$\lceil 8.15 \rceil = 9,$$
$$\lfloor -8.15 \rfloor = -9,$$
$$\lceil -8.15 \rceil = -8,$$
$$\lfloor 8 \rfloor = 8,$$
$$\lceil 8 \rceil = 8$$

図4は、それぞれの関数の「階段状」のふるまいを示す。横軸上で1ごとに上がって行く。

基本的な性質をいくつか挙げておこう。

- $\lceil x \rceil = \begin{cases} x = \lfloor x \rfloor, & x \text{ が整数のとき} \\ \lfloor x \rfloor + 1, & x \text{ が整数でないとき} \end{cases}$
- x の小数部分を $\{x\}$ で表すと、$\{x\} = x - \lfloor x \rfloor$
- 任意の整数 k について、$\lfloor x + k \rfloor = \lfloor x \rfloor + k, \lceil x + k \rceil = \lceil x \rceil + k$
- $x < y \Rightarrow \lfloor x \rfloor \leq \lfloor y \rfloor$　かつ　$\lceil x \rceil \leq \lceil y \rceil$

図4

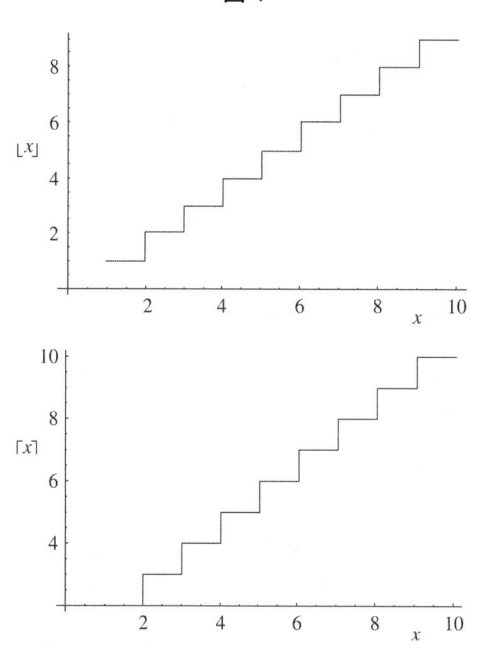

鳩の巣原理

ディリクレの引出し原理とも呼ばれる（1834年に Schubfachprinzip としてこれに言及したルジューヌ・ディリクレによる名。ポテンシャル理論でのディリクレ原理と混同しないこと）。現代の通用名は、結果を表すために使われるイメージによる。二つの形があり、第1のものは、

$n + 1$ 羽の鳩を n 個の区画に入れると、少なくとも2羽は同じ区画を占める。

この命題は明らか真で、自明な所見にすぎないと思ってしまう——し

かし実際にはなかなかそうではない。絶妙の使い方をする例を二つだけ挙げよう。

> {1, 2, 3, 4, 5, 6, 7, 8, 9, 10, 11} から7個の別々の数を選ぶと、そのうちの二つの和は12になる。

足して12になる数の対の選び方をすべて挙げると、{1, 11}, {2, 10}, {3, 9}, {4, 8}, {5, 7}, {6} となる。6が1個の集合というのも含まれる。

ここでの「巣」は上に上げた六つの部分集合であり、「鳩」は選ばれた七つの数に当たる。異なる七つの数を選んでいるので、少なくとも二つは、一対の数を収めた同じ部分集合の——したがって和が12となる——ものでなければならない。

> 平面の各点が無作為に赤と青に塗られるとすると、四つの頂点がすべて同じ色になる長方形が存在する。

辺が水平と垂直の長方形を見よう。まず、任意の横線を3本引く。この3本の横線に3点で交わる縦線を任意に引くと、この交点は、赤青2色で $2^3 = 8$ 通りの塗り方ができる(これが巣箱)。9本の縦線(鳩)を任意に選ぶと、少なくとも三つの点の組のうち少なくとも二つが同じ塗り方になっていなければならない(たとえば赤赤青と赤赤青)。そのような三つ組を二つ選び、縦の辺とする。どの三つ組でも、少なくとも二点が同じ色となる。そのようなものを二つ選べば、横の辺が得られる。

この原理のもっと一般的な形は次のようになる。

> n 羽以上の鳩が k ($< n$) 個の巣箱に分けられるなら、少なくとも一つの巣には $\lceil n/k \rceil$ 羽の鳩が入る。

これを証明するには、それぞれの巣箱には、多くとも $\lceil n/k \rceil - 1$ 羽

の鳩が入るものと仮定する。鳩の総数は、せいぜい

$$k\left(\left\lceil\frac{n}{k}\right\rceil - 1\right) = \begin{cases} k\left(\frac{n}{k} - 1\right), & \frac{n}{k} \text{ が整数の場合} \\ k\left\lfloor\frac{n}{k}\right\rfloor, & \frac{n}{k} \text{ が整数でない場合} \end{cases}$$

となる。いずれの場合にも、これは n より小さく、矛盾する。

このことの使い方の例を二つ。

部屋に 49 人の人がいるとすると、そのうち少なくとも 5 人は誕生日が同じ月になる。

ここでは 49 羽の鳩を 12 の巣（それぞれが月に相当する）に入れることになる。右の原理を使えば、少なくとも $\lceil\frac{49}{12}\rceil = 5$ 羽の鳩が同じ巣——つまり同じ月生まれ——でなければならない。

52 枚のトランプのうち、必ず少なくとも 3 枚のマークが同じになるには、何枚選ばなければならないか。

ここでは、n 羽の鳩を四つの巣（それぞれが一つのマーク）に入れなければならない。$\lceil n/4 \rceil \geq 3$ となる最小の n を必要とする。少し計算すれば、$n = 9$ となることが明らかになる。

対数と床関数

15 章では、$M \geq 1$ が正の整数なら、

$$\lfloor \log_{10}(M+1) \rfloor = \begin{cases} \lfloor \log_{10} M \rfloor, & M+1 \text{ が 10 の冪乗でない場合} \\ \lfloor \log_{10} M \rfloor + 1, & M+1 \text{ が 10 の冪乗の場合} \end{cases}$$

となることが必要だった。これは次のように証明できる。

$$0 < \log_{10}\left(1 + \frac{1}{M}\right) < 1$$

なので、

$$0 < \log_{10}\left(\frac{M+1}{M}\right) < 1,$$
$$0 < \log_{10}(M+1) - \log_{10} M < 1,$$
$$\log_{10} M < \log_{10}(M+1) < \log_{10} M + 1$$

床関数の性質を使えば、

$$\lfloor \log_{10} M \rfloor \leq \lfloor \log_{10}(M+1) \rfloor \leq \lfloor \log_{10} M + 1 \rfloor,$$
$$\lfloor \log_{10} M \rfloor \leq \lfloor \log_{10}(M+1) \rfloor \leq \lfloor \log_{10} M \rfloor + 1$$

これは、中央の整数は二つの連続する外側の整数の間にあるということであり、これは、二つの選択肢のいずれかであることによってのみ成り立つ。

$$\lfloor \log_{10}(M+1) \rfloor = \lfloor \log_{10} M \rfloor \quad \text{か} \quad \lfloor \log_{10}(M+1) \rfloor = \lfloor \log_{10} M \rfloor + 1$$

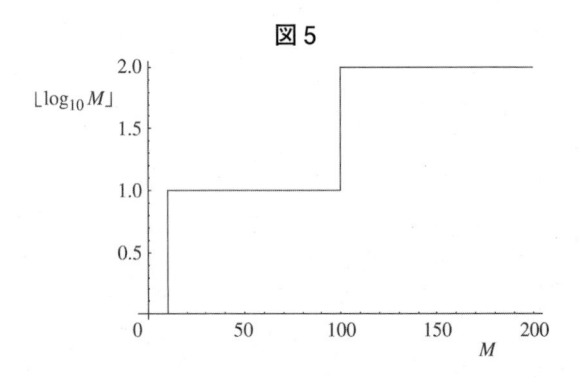

図 5

$\lfloor x \rfloor$ については、増え方は 1 ずつとなる。$\log_{10}$ 関数はこの間隔を、図 5 の M に示されるように、10 の整数乗の間隔に変える。これらの事実から、当初の帰結が出て来る。

無理数の有理数による近似

以下、15 章で用いた有理数で無理数を近似する定理を証明する。この定理が言っているのは、

任意の無理数 λ と任意の正の整数 k が与えられていると、$n \leq k$ として、$0 < \lambda - m/n < 1/nk$ となる m/n がある〔k は任意なので、$1/nk$ は好きなだけ小さくすることができる。したがって、実際の無理数とその近似値となる有理数の差は好きなだけ小さくすることができることを言っている〕。

証明は以下の通り。

与えられた k について、k 個の無理数の集合 $\{n\lambda : n=1, 2, 3, \cdots, k\}$ を考え、$n=1, 2, 3, \cdots k$ について、$\alpha_n = \lfloor n\lambda \rfloor$ と $\beta_n = \{n\lambda\}$ と書く〔ここの $\{\ \}$ は、小数部分を表す記号だった——念のため〕。これは、$0 < \beta_n < 1$ であるということで、$n\lambda = \alpha_n + \beta_n$ なので、$\beta_n = n\lambda - \alpha_n$ となる。

単位区間を、k 個の等しい部分区間 $I_1, I_2, I_3, \cdots, I_k$ に分けよう。明らかに β_n は無理数なので、部分区間の端となる点

$$0, \frac{1}{k}, \frac{2}{k}, \frac{3}{k}, \cdots, \frac{k}{k}$$

ではありえない。つまり β_n は、この部分区間の中にあるということだ。

そこで二つの場合を取り上げよう。

β_n のうち少なくとも一つが I_1 の中にある場合。その β_n については、$0 < \beta_n < 1/k$ でなければならず、したがって、$0 < n\lambda - \alpha_n < 1/k$ で

$$0 < \lambda - \frac{\alpha_n}{n} < \frac{1}{nk}$$

$\alpha_n = m$ とすると、必要な結果が得られる。

次は、β_n が一つも I_1 にない場合。

これは、k 個の β_n が $k-1$ 個の部分区間 $I_2, I_3, \cdots, I_k$ にあるということで、したがって鳩の巣箱原理によって、β_n のうち少なくとも二つは同じ部分区間になければならない。そのような二つを β_p と β_q と書く。ただし、$\beta_p > \beta_q$ とする。この数はともに長さ $1/k$ の区間の中にあるので、その差は $0 < \beta_p - \beta_q < 1/k$ を満たし、したがって、

$$0 < (p\lambda - \alpha_p) - (q\lambda - \alpha_q) < \frac{1}{k}$$

となり、これは、

$$0 < (p-q)\lambda - (\alpha_p + \alpha_q) < \frac{1}{k}$$

であり、

$$0 < \lambda - \frac{\alpha_p + \alpha_q}{p-q} < \frac{1}{k(p-q)}$$

$\alpha_p + \alpha_q = m$ とし、$p - q = n$ とすれば、やはり求める結果が得られる。

これはこのような近似の中で最もきつい境界というわけではないが、本文で必要なのはこれである。

謝辞

酒場で馬鹿者どもを笑わせる、昔から好まれる逆説がある。

——『オセロ』第1幕第1場

ありがたいことに、校長のラルフ・タンゼント博士からは、再び理解と支援をいただき感謝している。また内容の一部をおおっぴらに、あるいはこっそりと試させてもらったいろいろなクラスの生徒諸君にも感謝する。中でもフレディ・マナーズとマイルズ・ウーには、優れたプログラムの腕を発揮してもらった。

マイクロソフト社とデザインサイエンス社は、Word^{TM} と Mathtype^{TM} というソフトによって、多くの言葉と記号を便利に書けるようにしてくれる道具を提供してくれた。$\TeX$ とそれを発明したドナルド・クヌースには、文書ファイルを完成品にする手段を提供してくれた。ウルフラム・リサーチ社に対しても謝意を示すべきだろう。ほとんどのグラフと表は、同社の Mathematica^{TM} を使って描かれ、構成されたものである。また、Tess^{TM} を出しているペダゴガリー・ソフトウェア社にも感謝する。このソフトは、各章の冒頭で展開したモチーフを作るのに使った。プリンストン大学出版の編集局長ヴィッキー・カレンは、やっかいなこともある本づくりの過程を容易にしてくれた。また、T&T プロダクションズ社のジョン・ウェインライトには、原稿をプロの仕上げた本に仕上げてもらう上で、卓越した技能と忍耐力を見せてもらった。どんなことでもこの人は難なくこなしてくれる。

ウィカム・アームズのハミルトン・バーに来る常連の人々も挙げておかなければならない。とくに名を挙げると、コリン、ロッキー、ヴィンス、フィル、ジョージ、ブライアン、フィル……といった人々だ。さらに、私の一族がいて、多すぎてすべてを挙げることはできないが、忘れることのできない大事な人々である。筆頭は妻のアンで、以下、年齢順に記すと、ロブ、ソフィ、トム、レイチェル、キャロライン、サイモン、ダニエルである。これらの人々は誰も本書は読

まないだろうが、この人たちがいなければ、書く値打ちもなかっただろう。

訳者あとがき

本書は、Julian Havil, *Impossible? Surprising Solutions to Counterintuitive Conundrums* (Princeton University Press, 2008) を訳出したものである（文中〔　〕でくくった部分は訳者による補足である。また、参照されている文献に邦訳がある場合は適宜その旨を補足したが、本書で用いた訳文は、とくにことわりのないかぎり、本書の訳者による私訳である）。著者のハヴィルは、イギリスの名門パブリックスクール、ウィンチェスター・カレッジで数学を教える教師であり、すでに『オイラーの定数ガンマ』（新妻宏訳、共立出版）という訳書も出ている。本書と同系統の本にも、本書でも何度か言及されている *Nonplussed!* という本がある。同系統というのは、数学パズルの本ということで、それも、直感的にはにわかに信じがたい、あるいは解けないと思われるのに、数学的にたどればそうと考えざるをえないという答えが出るものを集め（数学パズルはそういうものとも言えるが）、その問題の歴史や背景とともに解説している。著者も言うように、とくに確率や統計の分野は逆説が豊富にあるところだが、取り上げられる素材は、それにとどまらず、帰納法、無限、乱雑さの規則性、冪乗のさまざまな姿、対数に支配される分布、巨大な数、変換などにもわたっている。

パズルと言っても、古典的な赤い帽子問題をはじめとするパズルらしいパズルもあれば、複素数の冪乗、無限、針の回転、バナッハ＝タルスキーの逆説のような数学の世界に取材したものもあるし、渋滞、面接、エレベーター、身のまわりの数字の分布など、日常的な事例を取り上げて数学的に分析したものもある。もちろん本書の章の数ではとてもすべてをつくすことはできないが、取り上げられたものについては、最終章を除き、概略以上のことが解説されている。直感的には信じがたい結論を導く数学の技を楽しんでもらえればと思う（併せて、日常的な出来事の数理については、拙訳で恐縮ながら、やはり青土社から出ているバロウ『数学でわかる100のこと』も見られたい）。

ただ、それを解くためには様々な数学的背景を駆使する必要も出て来る。たとえば、指数が複素数となる冪乗を考えるときには、複素数

が認識され、性質が理解され、利用されてきた歴史をふまえることになる。ゲームへの最適の応じ方に情報理論の歴史がかかわっていたりもするし、整数の和と積という初歩的にも見えるものにも、場合によっては数論の途方もない歴史がこめられていることもある。本書はそれを浮かびあがらせ、数学的な現象の奥行きを見せてくれている。無関係に見えることが実はつながっていたという発見ほど印象的なことはない。教師である著者は、そういうことを、いろいろと知ってほしいのだろう。その延長にこそ、直接には日常や自然現象とは関係がない数学独自の内容の意味や関連性も見えてくるのではないだろうか。少なくとも、数学の外からその世界へ入って行くには、あるいは、単に問題が解けるという水準から、その問題が置かれているところを一つの世界として読み取る水準へと進むには、本書がたどるような経路も必要だと思う。本書がそういう世界へ到る道筋のひとつとなってくれることを願っている。

　本書の翻訳は、青土社の篠原一平氏にお願いして翻訳させていただくことになった。まずその機会を与えられたことに感謝する。本書については出版までの編集作業も同氏に見てもらった。数式の多い本のこと、こまごまとした作業では、とくにお世話になった。また、装幀は桂川潤氏に担当していただいた。これも記して感謝したい。

2009 年 6 月

　　　　　　　　　　　　　　　　　　　　　　　　　訳者しるす

索引

あ行

赤い帽子問題 13
エラー訂正符号 70
アレシボ・メッセージ 111
アレフ・ゼロ 92
一対一対応 91
イプシロンゼロ 249
ウィリアムズ、デーヴィッド 245
ヴォス・サヴァント、マリリン 20
ウォリス、ジョン 150
エバート、トッド 67
オイラー定数（γ） 126, 204
『オイラーの定数ガンマ』 126
オイラー、レオンハルト 54, 183
オレーム、ニコル 145

か行

確率密度関数 233
掛谷宗一 180
ガードナー、マーティン 32, 77, 109
ガモフ、ジョージ 103
カントールの対角線配列 93
カントールの標準形 250
既約分数 95
共通知識 10-13
共同知識 10-13
ギルブレス原理 171
ギルブレス、ノーマン・L・ 174
均等分布 222
『銀河ヒッチハイクガイド』 241
近似分数 207
『偶然の学説』 117
グッドスタイン数列 242
グッドスタイン、ルーベン 242
クヌース、ドナルド 105
組合せの公式 128
クラウス原理 163, 164
クラスカル係数 171
クラスカル原理 161
クラムの問題 197
グレゴリー、ジェームズ 144
クロスインターリーヴド・リード・ソロモン符号 75
群 257
ケイリー、アーサー 200
ゲーデル、クルト 247
ケーニヒシュトラッセ 43
ケプラー、ヨハネス 199
ゲルフォント＝シュナイダー定数／定理 60
ゲルフォント定数 54
限定された選択肢 84
『原論』 58
剛体運動 254
ゴールドバッハ予想 34

さ行

再帰関係 125
最近接復号 70
サロウズ、リー 34
算術の基本定理 57
自然に独立した現象 246
7人の囚人問題 67
自由群 257
条件付き確率 79, 165, 237
上昇列 173
シリング、マーク 125

シルケ、トルステン 34
シンプソンの逆説 22,30
『推論術』 148
スケール不変 231
スターン、マーヴィン 103
ストーヴァー、メル 33
スミス、アダム 47
聖書暗号 162
整列原理 250,256
ゼノンの二分割の逆説 143
全体は部分より大きい 91
選択公理 255

た行

第五公準 88
代数学の基本定理 57
代数的整数 58
タオ、テレンス 198
ダック、ジョン・ラッセル・ 172
単連結 197
地球外知的生命との通信 111
超限順序数 249
調和級数 143
調和平均 143
ツェルメロ、エルンスト 255
ツォルンの補題 254
テトレーション 242
デルトイド 183
天井関数 273
得点数の問題 115
トッドハンター、アイザック 115
ド・モアヴル、アブラム 114
ド・モルガン 54
トリチェリのラッパ 139

な行

内サイクロイド 183
何進法には依存しない法則 229
『ナンバーズ』 76,109,171

ニグリニ、マーク 238
二進反復符号 71
2001年遭遇メッセージ 112

は行

バーゼル問題 150
バーコフ、ジョージ 179
鳩の巣原理 273
ハミング符号 72
ハミング、リチャード 72
パール、ユリウス 182
バールカンプ、エルウィン 68
秘書問題 200
ヒューム、デーヴィッド 15
費用関数 45
ヒル、セオドア 231
ヒルベルト、ダーフィト 60,102,247
ピンカム、ロジャー 231
不可能な問題 33
複素数の対数 54
部分商 207
フリートウッド・マック 9
プレイフェア、ジョン 89
フレーゲ、ゴットロープ 101
ブレース、ディートリヒ 44
『フレンズ』 9
フロイデンタール、ハンス 31
ペアノの公理 247
ベイズ、トマス 78
ベシコヴィッチ、アブラム 180
ベシコヴィッチ集合 187
ベルヌーイ、ダニエル 149
ベルヌーイ、ヤーコプ 147
ベルヌーイ、ヨハン 54
ベンフォード、フランク 229
ボアズ、ラルフ・P・ 145,260
ボーア、ハラルド 182
ポーカーの手 127
ボロヴィック、アレクサンダー 144
ホンスバーガー、ロス 148

ま行

マイア、ジェーン　87
「マリリンに聞いてみよう」　20,75
メンゴーリ、ピエトロ　146,149
もろもろこみの頻度　137
モンティ・ホール　76

や行

有理数は可算　92
床関数　275
『夜中に犬に起こった奇妙な事件』　84

ら行

ラスコヴィッチ、ミクロス　260

ラスダックのステイスタック方式　172
ラッセル、バートランド　101
リーズ、テレンス　127
リッフル・シャッフル　172
リトルウッド、ジョン・エデンサー　15,197
リューヴィル、ジョゼフ　98
リンガ・コスミカ（宇宙の言語）　31
累積分布関数　233
レンチ、ジョン・W・　145
連分数　207

わ行

ワイエルシュトラス、カール　151
ワイルの均等分布定理　223

Impossible? by Julian Havil

Copyright © 2008 by Julian Havil
Japanese translation published by arrangement with Princeton University Press
through The English Agency (Japan) Ltd.
All right reseved

No part of this book may be reproduced or transmitted in any form or
by any means including photocopying, recording, or by any information
storage and retrieval system, without permission in writing from Publisher

世界でもっとも奇妙な数学パズル

2009年8月 1 日　第1刷印刷
2009年8月15日　第1刷発行

著者———ジュリアン・ハヴィル
訳者———松浦俊輔

発行者———清水一人

発行所———青土社

東京都千代田区神田神保町1-29 市瀬ビル　〒101-0051
電話　03-3291-9831［編集］03-3294-7829［営業］
（振替）00190-7-192955

印刷所———ディグ

製本所———小泉製本

装丁———桂川潤
ISBN978-4-7917-6495-2
Printed in Japan